AF475649

MÉTHODE

SIMPLE ET FACILE

POUR

LEVER LES PLANS.

OUVRAGE DU MÊME AUTEUR,

QUI SE TROUVE CHEZ LE MÊME LIBRAIRE.

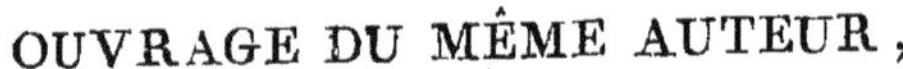

Manuel ou guide de ceux qui veulent bâtir. Volume in-12, sur grand raisin, avec quatre planches. Prix : 4 fr. 50 c., et 5 fr. 10 c., franc de port.

MÉTHODE
SIMPLE ET FACILE
POUR
LEVER LES PLANS
SUIVIE

D'UN TRAITÉ DU NIVELLEMENT, D'UN ABRÉGÉ DES RÈGLES DU LAVIS ET DES ÉLÉMENS DE TRIGONOMÉTRIE RECTILIGNE;

AVEC

DOUZE PLANCHES, DONT NEUF ENLUMINÉES,

PAR F. LECOY, GÉOGRAPHE.

QUATRIÈME ÉDITION, REVUE ET CORRIGÉE.

Prix : 4 francs 50 centimes, et 5 francs franc de port.

A PARIS,

CHEZ PITOIS, LIBRAIRE, QUAI DE LA GRÈVE, N° 20

M. DCCC. XXIV.

AVERTISSEMENT

DE L'ÉDITEUR.

L'ACCUEIL que le Public a fait aux précédentes éditions de cet ouvrage me fait augurer qu'il recevra celle-ci avec la même bienveillance. L'auteur n'y a fait aucun changement; elle a seulement été corrigée avec soin.

Il n'est pas besoin de s'étendre sur l'utilité de cette méthode; elle est indispensable à celui qui s'occupe de la mesure des surfaces, et qui veut se disposer à pratiquer la Levée des Plans. Il peut avec ce seul livre commencer et terminer son opération.

La réunion des différentes parties qui le composent le dispense d'avoir plusieurs traités séparés qui lui occasionneraient une plus grande dépense.

Le jeune Géomètre, entre les mains duquel on aura mis ce livre, pourra le considérer comme un manuel contenant tous les élémens qui lui sont nécessaires pour opérer sur le terrain, faire le rapport du plan sur le papier, mélanger ses couleurs et lever son plan; et, s'il s'attache à suivre dans tous leurs détails les opérations de l'auteur, il peut être certain qu'il ne sera jamais embarrassé, quelle que soit l'irrégularité du terrain.

Cependant ceux qui desireraient acquérir des connaissances plus étendues, soit en géométrie, soit dans la levée des plans et le nivellement, soit dans le lavis, auront recours aux différens Traités qu'on a eu soin d'indiquer dans le cours de l'ouvrage.

Cette édition est, comme la troisième, précédée d'un Abrégé du Système Décimal applicable à l'arpentage, avec des tableaux, à la seule inspection desquels on peut voir la différence qui existe entre les mesures actuelles et les anciennes, depuis un are jusqu'à cent arpens, depuis un millimètre jusqu'à cent mètres, depuis une ligne jusqu'à neuf cents toises. Elle est terminée par un Abrégé des Élémens de Trigonométrie rectiligne, avec des exemples et des figures pour en faire l'application.

Douze planches, dont neuf lavées avec soin, contenant un grand nombre de figures, servent d'exemples aux préceptes donnés par l'auteur dans sa Méthode.

Nous nous flattons que cette quatrième

édition sera accueillie sous un gouvernement qui favorise les arts ; qui, après avoir exécuté de grands travaux, en prépare encore de nouveaux, soit pour le fortifier au-dehors contre les attaques de l'ennemi, soit pour le faire fleurir au-dedans par les communications les plus nécessaires, et dont tous les projets tendent à rendre au commerce sa splendeur, et à faire circuler l'abondance dans toutes les parties du royaume.

INTRODUCTION.

ABRÉGÉ

DU SYSTÈME DÉCIMAL

APPLICABLE A L'ARPENTAGE.

Les Nouvelles Mesures sont uniformes dans tout le royaume.

Le mètre est l'unité fondamentale du nouveau système. Les mesures nouvelles se divisent ou se multiplient régulièrement par 10, par 100, par 1000, etc. et dans ces différens accroissemens ou décroissemens, elles prennent des annexes particulières, qui marquent leur rapport avec l'unité fondamentale ou génératrice.

Ainsi le mètre, multiplié par dix, devient un décamètre; par cent, un hectomètre; par mille, un kilomètre: et divisé par dix, il devient un décimètre; par cent, un centimètre; par mille, un millimètre, etc.

Indépendamment des noms primitifs qui désignent les genres de mesures, mètre, are, etc. il y a donc des noms particuliers qui servent à désigner la place que chaque mesure occupe dans l'échelle ascendante ou descendante qui lui est propre. Ces noms sont, pour l'échelle ascendante, *déca*, qui veut dire dix; *hecto*, qui veut dire cent; *kilo*, qui veut dire mille; *miria*, qui veut dire dix mille; et pour l'échelle descendante, *déci*, qui signifie dixième; *centi*, qui signifie centième; *milli*, qui signifie millième.

Des Mesures en usage pour l'Arpentage.

Les mesures en usage pour l'arpentage et les distances itinéraires sont, pour les longueurs: le *mètre* qui a 3 pieds 11 lignes $\frac{296}{1000}$ de ligne, il est la dix-millionième partie du quart du méridien terrestre; le *décamètre* qui est une chaîne de dix mètres divisée en cent parties égales, il sert à arpenter et à mesurer les grandes distances itinéraires, qui s'expriment par hectomètre, 100 mètres; kilomètre, 1000 mètres environ le cinquième d'une lieue; myriamètre, 10000 mètres, lieue nouvelle, à peu près double de l'ancienne.

Les mesures en usage, pour les superficies, sont: le *mètre carré*, un mètre de chaque côté; l'*are* qui a un décamètre de chaque côté ou 100 mètres superficiels, il remplace l'ancienne perche dont il est environ le double; l'*hectare* qui a dix décamètres de chaque côté ou 100 ares superficiels, il remplace l'ancien arpent dont il est environ le double.

Le mètre se divise en dix décimètres qu'on appelle *palmes*, en 100 centimètres qu'on appelle *doigts*, en 1000 millimètres qu'on appelle *traits*.

Les chiffres décimaux se placent après les unités, dont ils sont séparés par une virgule; le premier marque des dixièmes, le second marque des centièmes, le troisième marque des millièmes, etc. Ainsi, pour énoncer le nombre 242,^{m}569, on dira: 242 mèt. 5 dixièmes, 6 centièmes, 9 millièmes de mètre, ou 242 mètres 569 millièmes; on peut encore dire 242,569 millièmes de mètre.

Comme dans le système décimal chaque place qu'occupe un chiffre est toujours dix fois plus petite que celle qui est à sa gauche, les opérations de calcul sont de la plus grande facilité. Exemple:

De l'Addition.

Pour faire une addition de nombres entiers, suivis de décimales, il faut placer les unités et décimales du même ordre les unes sous les autres, et faire l'opération comme pour l'addition simple. Exemple:

```
273,15
 14,01
  9,99
------
297,15
```

De la Soustraction.

On doit observer la même règle pour le placement des chiffres dans la soustraction d'un entier, suivi de décimales:

```
273,15
 14,01
------
259,14
```

De la Multiplication.

Dans une multiplication il est indifférent de placer les chiffres les uns sous les autres par rapport à la virgule; seulement lorsque le produit est trouvé, il faut placer la virgule à gauche après autant de chiffres qu'il y en avait après la virgule, tant dans le multiplicande que dans le multiplicateur. Exemple:

```
   273,15
    1,004
   ------
   109260
  2731500
 --------
274,24260
```

De la Division.

Pour faire la division d'un nombre entier suivi de décimales, par un nombre entier ou par un nombre entier suivi de décimales, il faut ajouter, à celui qui a le moins de chiffres après la virgule, autant de zéros qu'il a de chiffres de moins que l'autre, et faire la division comme celle des nombres simples. Lorsque le diviseur ne sera plus contenu dans le dividende, on placera la virgule au quotient après les chiffres trouvés, et on poussera la division, s'il y a un reste, en ajoutant un ou plusieurs zéros après ce reste; les chiffres du quotient, après la virgule, sont des décimales. Exemple :

```
25,34  | 12,00
24,00  | 2,111
------
 1 340
 1 200
 ------
  1400
  1200
  ----
   2000
   1200
  -----
Reste . . . .  800 que l'on peut négliger.
```

On peut ajouter après les décimales tel nombre de zéros que l'on voudra, sans en changer la valeur. Ainsi, 17^{m} 1 dixième est la même chose que 17^{m} 10 centièmes, que 17^{m} 100 millièmes, etc.

Le déplacement de la virgule vers la gauche diminue le nombre de 10, 100 ou 1000, suivant qu'on la porte après 1, 2 ou trois chiffres, et au contraire il l'augmente de 10, 100 ou 1000, si on la recule vers la droite de 1, 2 ou 3 chiffres.

Nous allons donner maintenant des Tables qui serviront à convertir les mesures anciennes en nouvelles, et les nouvelles en anciennes. On observe que ces Tables ne sont propres qu'aux mesures de longueur et de superficie qui font l'objet de cet ouvrage.

L'arpent, dont il est question dans les Tables suivantes, est celui de 100 perches de 22 pieds chacune.

TABLE Ire.

Réduction des Perches et Arpens en Ares et Hectares.

Perches.	Hect.	Ares.	Cent.	Arpens.	Hect.	Ares.	Cent.
1	»	0	51	1	0	51	07
2	»	1	02	2	1	02	14
3	»	1	53	3	1	53	22
4	»	2	04	4	2	04	29
5	»	2	55	5	2	55	36
6	»	3	06	6	3	06	43
7	»	3	58	7	3	57	50
8	»	4	09	8	4	08	58
9	»	4	60	9	4	59	65
10	»	5	11	10	5	10	72
20	»	10	21	20	10	21	44
30	»	15	32	30	15	32	16
40	»	20	43	40	20	42	88
50	»	25	54	50	25	53	60
60	»	30	64	60	30	64	32
70	»	35	75	70	35	75	04
80	»	40	86	80	40	85	76
90	»	45	96	90	45	96	48
100	»	51	07	100	51	07	19

TABLE II.

Réduction des Ares et Hectares en Perches et Arpens.

Ares.	Arpens.	Perches.	10e de perche.	Hectares.	Arpens.	Perches.	10e de perche
1	»	1	9	1	1	95	8
2	»	3	9	2	2	91	6
3	»	5	9	3	5	87	4
4	»	7	8	4	7	83	2
5	»	9	8	5	9	79	0
6	»	11	7	6	11	74	8
7	»	13	7	7	13	70	6
8	»	15	7	8	15	66	4
9	»	17	6	9	17	62	2
10	»	19	6	10	19	58	0
20	»	39	2	20	39	16	0
30	»	58	7	30	58	74	1
40	»	78	3	40	78	32	1
50	»	97	9	50	97	90	1
60	1	17	5	60	117	48	1
70	1	37	1	70	137	06	1
80	1	56	6	80	156	64	2
90	1	76	2	90	176	22	2
100	1	95	8	100	195	80	0

TABLE III.

Réduction des Lignes, Pouces, Pieds, en Mètres et parties de Mètre.

Lignes.	Mètres.	Centim.	Millim.	Pouces.	Mètres.	Centim.	Millim.
1	»	»	2	5	»	13	5
2	»	»	5	6	»	16	2
3	»	»	7	7	»	18	9
4	»	»	9	8	»	21	7
5	»	01	1	9	»	24	4
6	»	01	4	10	»	27	1
7	»	01	6	11	»	29	8
8	»	01	8	12	»	32	5
9	»	02	0				
10	»	02	3				
11	»	02	5	Pieds.			
12	»	02	7	1	»	32	5
				2	»	65	0
Pouces.				3	1	97	5
				4	1	29	9
1	»	02	7	5	1	62	4
2	»	50	4	6	1	94	9
3	»	08	1				
4	»	10	8				

TABLE IV.

Réduction

des Toises en Mètres.

Toises.	Mètres.	Centim.	Millim.	Toises.	Mètres.	Centim.	Millim.
1	1	94	9	100	194	90	4
2	3	89	8	200	389	80	7
3	5	84	7	300	584	71	1
4	7	79	6	400	779	61	5
5	9	74	5	500	974	51	8
6	11	69	4	600	1169	42	2
7	13	64	3	700	1364	32	5
8	15	59	2	800	1559	22	9
9	17	54	1	900	1754	13	3
10	19	49	0	1000	1949	03	6
20	38	98	1	2000	3898	07	2
30	58	47	1	3000	5847	11	8
40	77	96	1	4000	7796	14	4
50	97	45	2	5000	9745	18	1
60	116	94	2	6000	11694	22	6
70	136	43	3	7000	13643	25	2
80	125	92	3	8000	15592	28	8
90	175	41	3	9000	17541	32	4

TABLEAU V.

Conversion des Mètres, et Subdivision du Mètre en Toises et subdivisions de la Toise.

MILLIMÈT.	TOISES.	PIEDS.	POUCES.	LIGNES.	TRAIT ou 12e de ligne.
1	»	»	»	»	5
2	»	»	»	»	11
3	»	»	»	1	4
4	»	»	»	1	6
5	»	»	»	2	2
6	»	»	»	2	8
7	»	»	»	3	1
8	»	»	»	3	7
9	»	»	»	4	0
10	»	»	»	4	5
Centimètres					
1	»	»	»	4	5
2	»	»	»	8	10
3	»	»	1	1	3
4	»	»	1	5	8
5	»	»	1	10	2
6	»	»	2	2	9
7	»	»	2	7	2
8	»	»	2	11	7
9	»	»	3	3	10
10	»	»	3	8	5

DÉCIMÈT.	TOISES.	PIEDS.	POUCES.	LIGNES.
1	»	»	3	9
2	»	»	7	5
3	»	»	11	1
4	»	1	2	9
5	»	1	6	6
6	»	1	10	2
7	»	2	1	10
8	»	2	5	7
9	»	2	9	3
Mètres.				
1	»	3	0	11
2	1	0	1	8
3	1	3	2	10
4	2	0	3	9
5	2	3	4	8
6	3	0	5	5
7	3	3	6	4
8	4	0	7	6
9	4	3	8	6
10	5	0	9	5
20	10	1	6	10
30	15	2	4	3
40	20	3	1	9
50	25	3	11	1
60	30	4	8	6
70	35	5	5	11
80	41	0	3	7
90	46	1	0	1
100	51	1	10	2

TABLEAU

Explicatif des Signes en usage en Géométrie, dont on se sert dans cet Ouvrage.

NOMS des SIGNES.	SIGNES.	MANIÈRE de LES PLACER.	EXEMPLES.
Degré.	°	24°	24°
Minute	′	12′	24° 12′
Seconde . . .	″	15″	24° 12′ 15″
Tierce.	‴	30‴	24° 12′ 15″ 30‴
Egal.	=	12=12 A=B	12= 12
Plus	+	12+6 A+B	12+6=18
Moins.	—	12—8 A—B	12—8= 4
Multip. par. .	×	12×6 A×B	12×6=72
Divisé par . .	—	$\frac{12}{2}$ $\frac{A}{B}$	$\frac{12}{2}=6$
Est à.	:	12:4 A:B	12:4 :: 6:2
Comme. . . .	::	6 :: 2 C::D	A . B .. C:D
Mètre.	m.	247ᵐ	247ᵐ 50ᶜ
Centimètre. .	c.	50ᶜ	
Figure. . . .	*fig.*		

MÉTHODE

SIMPLE ET FACILE

POUR

LEVER LES PLANS.

PREMIÈRE PARTIE.

Définition et démonstration des termes et figures de Géométrie indispensables pour lever un Plan.

LA Géométrie est une science qui a pour objet la mesure de l'étendue.

On distingue trois espèces d'étendue : la longueur, la superficie ou surface, et le solide ou corps. On peut considérer ces dimensions comme formées d'une infinité de points.

On appelle point une portion infiniment petite de l'étendue. Le point A qui se meut vers le point B décrit par une ligne A B (*fig.* 1 et 2). La ligne n'a qu'une dimension qui est la longueur. Il y a deux sortes de lignes ; la droite comme AB (*fig.* 1) qui est le plus court chemin d'un point à un autre, et la courbe AB (*fig.* 2) qui se dérange à chaque point de sa direction rectiligne.

La ligne AB qui se meut décrit un plan ou une superficie ABCD (*fig.* 3). L'espace ABCD ne peut être considéré qu'en longueur et largeur.

Le plan ABCD qui se meut forme un cube ou solide, tel que A B C D E F G H (*fig.* 4). Cette figure a toutes les dimensions, longueur, largeur et épaisseur.

DES ANGLES.

Deux lignes A B et A C (*fig.* 5) qui se rencontrent en un point A, forment, par leur inclinaison, une ouverture A B C qu'on appelle *angle*. Le point A se nomme *sommet* de l'angle ; les lignes A B, A C en sont les côtés.

L'angle se désigne ou par la lettre du sommet A seulement, ou par trois lettres B A C, C A B, ayant soin de mettre la lettre du sommet au milieu. Cet angle est appelé *rectiligne* (*fig.* 5), lorsque ses deux côtés sont droits; *mixtiligne* (*fig.* 6), lorsqu'il a un côté droit et un côté courbe; *curviligne* (*fig.* 7), lorsque les deux côtés sont courbes.

Lorsque deux lignes droites C E et D B (*fig.* 8) se coupent par un point A, elles forment, l'une à l'égard de l'autre, des angles qu'on appelle *angles de suite;* ainsi, le point A étant l'intersection de ces deux lignes, C A B, C A D sont des angles de suite, ainsi que C A B et B A E.

On appelle *perpendiculaire* (*fig.* 9) une ligne C A qui tombe sur une autre D B, sans pencher plus du côté B A que du côté A D.

Si la droite C F (*fig.* 9) tombe perpendiculairement sur D B, les angles de suite sont égaux; chacun d'eux se nomme *droit.* On appelle angle *aigu* celui qui est plus petit que le droit, tel que CAB (*fig.* 8), et on appelle *obtus* celui qui est plus grand que l'angle droit tel que D A C.

On appelle *circonférence* (*fig.* 10) une ligne courbe B D F E C dont tous les points sont également éloignés d'un point milieu A qu'on nomme *centre*.

L'espace compris entre le centre et la circonférence s'appelle *cercle ;* la ligne A B menée du centre à la circonférence, et qu'on peut regarder comme ayant servi à tracer cette circonférence, s'appelle *rayon*. La ligne C D, qui passe par le centre et se termine à la circonférence, s'appelle *diamètre*. La ligne E F dont les extrémités se terminent à la circonférenee, sans passer par le centre, s'appelle *corde*. Le diamètre est la plus grande de toutes les cordes. Une ligne telle que G H, qui coupe la circonférence, s'appelle *sécante ;* une autre ligne, telle que O Q, qui ne touche la circonférence qu'en un point, s'appelle *tangente*.

Toute circonférence, quelle qu'elle soit, se

divise en 360 parties égales que l'on appelle *degrés ;* le degré en 60 minutes, la minute en 60 *secondes;* et la seconde en 60 *tierces*, ainsi de suite. (Depuis le nouveau système décimal on est convenu que la circonférence serait divisée en 400 degrés.)

On appelle *arc* de cercle (*fig.* 10) une portion de la circonférence, telle que D B; il sert de mesure à l'angle D A B.

D'après ce principe, on voit que la grandeur d'un angle ne dépend pas de la longueur de ses côtés, mais bien de leur inclinaison ou écartement.

Le diamètre C F (*fig.* 9), perpendiculaire à celui D B, partage la circonférence en quatre parties égales, C B, B F, F D et D C; d'où il suit que la circonférence étant de 360 degrés, le quart, qui est 90^d, sert de mesure à l'angle droit; donc l'angle aigu a moins de 90 degrés, et l'angle obtus plus de 90^d.

Les deux angles de suite D A C, C A B, (*fig.* 8) pris ensemble, valent toujours deux angles droits ou 180d; car on peut regarder le point A comme centre d'un cercle dont D B serait le diamètre, et alors ces deux angles auraient pour mesure la moitié de la circonférence ou 180d : ils sont appelés *supplément* l'un de l'autre; ainsi C A B est le supplément de D A C, et réciproquement, parce que l'un de ces angles est ce qu'il faut ajouter à l'autre pour faire 180d.

Si deux lignes droites D B et C E (*fig.* 8) se coupent, les angles C A B et D A E, qu'on appelle *angles opposés par le sommet*, sont égaux; et de même les angles C A D et E A B, aussi opposés par le sommet, sont égaux; car, d'après ce qui vient d'être dit, la somme des deux angles de suite C A B et D A C vaut deux angles droits, et de même la somme des deux angles de suite D A E et D A C vaut aussi deux angles droits; donc ces deux sommes sont égales : ôtant de part et d'autre l'angle D A C, on aura l'angle C A B égal à l'angle D A E. On prouve de même que l'angle D A C est égal à l'angle E A B.

Pour élever une perpendiculaire sur la ligne A C (*fig.* 11) en un point E, on prendra d'abord A E égal à E B; ensuite des points A et B comme centre, et avec une ouverture de compas plus grande que E B ou A E, on décrira successivement, au dessus et au dessous de la ligne A C, deux petits arcs de cercle P Q, M O, *p q*, *m o*, qui se couperont aux points F et *f*; par ces points on menera une ligne F *f*: cette ligne sera la perpendiculaire demandée, puisque les deux points F et *f* seront également éloignés du point A et du point B.

S'il s'agissait d'abaisser d'un point F, pris hors la ligne A B, (*fig.* 11) une perpendiculaire à cette ligne, du point F comme centre, et avec une ouverture de compas plus grande que la plus courte distance à la ligne A C, on tracera deux petits arcs qui coupent A C aux point A et B; puis de ces deux points, comme centres, et avec une ouverture de compas plus grande que la moitié de A B, on tracera deux arcs *m o*, *p q*, qui se coupent en un point *f*; par ce point et par le point F, on tirera la ligne F *f*, qui sera perpendiculaire à A C.

Si le point par lequel on veut faire passer la perpendiculaire se trouvait à l'extrémité de la ligne A C, ou placé de manière qu'on ne pût pas marquer commodément les deux points A et B, on prolongerait cette ligne suffisamment.

Deux lignes A B et C D, situées dans le même plan, (*fig.* 12) sont dites *parallèles*, quand, prolongées à l'infini, elles ne peuvent jamais se rencontrer.

Pour mener une ligne parallèle à une autre, il faut élever une perpendiculaire sur la première, et en élever une autre sur cette seconde.

DES POLYGONES.

On appelle *polygone* une figure plane, quelle qu'elle soit, régulière ou irrégulière;

il ne peut avoir moins de trois côtés; alors on l'appelle *triangle*; *quadrilatère*, lorsqu'il en a quatre; *pentagone*, lorsqu'il en a cinq; *hexagone*, lorsqu'il en a six; *heptagone*, lorsqu'il en a sept; *octogone*, lorsqu'il en a huit; *ennéagone*, lorsqu'il en a neuf; *décagone*, lorsqu'il en a dix, etc. On peut regarder le cercle comme un polygone infinitaire.

On appelle *trapèze* un quadrilataire tel que ABCD (*fig.* 18), qui a deux côtés parallèles, BC et AD, et un côté DB, perpendiculaire à ces deux parallèles.

DES TRIANGLES.

On distingue six espèces de triangles : trois par rapport aux côtés, et trois par rapport aux angles. Par rapport aux côtés, on appelle triangle *équilatéral* celui A B C (*fig.* 13) qui a ses trois côtés égaux; *isocèle*, celui A B C (*fig.* 14) qui a seulement deux côtés égaux, et *scalène*, celui ABC (*fig.* 15) qui a ses trois côtés inégaux. Par rapport aux angles, on appèlle triangle *rectangle*, celui A B C (*fig.* 16) qui a un angle droit; *obtusangle*, celui A B C (*fig.* 15) qui a un angle obtus; et *acutangle*, celui A B C (*fig.* 13) qui a ses trois angles aigus.

On appelle en général base d'un triangle le côté A C (*fig.* 13) sur lequel on imagine qu'il repose. La même dénomination a lieu dans toutes les figures planes ou solides.

On appelle aussi *base* d'un triangle le côté sur lequel on a abaissé, de l'angle opposé, une perpendiculaire, laquelle se nomme *hauteur* du triangle : ainsi D B (*fig.* 13, 14 et 15) est la hauteur de ces triangles. On peut cependant choisir le côté qu'on voudra pour base.

Les trois angles d'un triangle quelconque sont ensemble égaux à deux droits, ou à 180 degrés; d'où il suit que si on connaît deux angles d'un triangle, on connaîtra aussi le troisième, en retranchant la somme de ces deux angles de 180 degrés.

Tout triangle quelconque ne peut avoir

plus d'un angle droit, ni plus d'un obtus; mais il peut avoir ses trois angles aigus.

Lorsque l'on connaîtra dans un triangle un côté et deux angles, on connaîtra toutes les propriétés de ce triangle; et de même, lorsque l'on connaîtra un angle et deux côtés, on connaîtra ce triangle. Effectivement, si vous connaissez le côté A C (*fig.* 17) de 24 mètres, l'angle A de 48 degrés et l'angle C de 42 degrés, le *point* B où se rencontreront les côtés A B et C D déterminera le triangle. De même si vous connaissez l'angle C de 42 degrés, le côté A C de 24 mètres et le côté C B de 21 mètres, et que par les extrémités A et B vous tiriez la ligne A B, vous aurez le triangle A B C, dont vous connaîtrez tous les angles et tous les côtés.

Pour construire un triangle dont on connaît les trois côtés, comme celui de la *fig.* 17, on détermine d'abord l'un des côtés, tel que A C de 24 mètres; du point A comme centre, on décrit un arc de cercle *o r* avec un rayon de 18 mètres, longueur du côté A B; et du point C on décrit un autre arc *q p* avec un rayon de 21 mètres, longueur du côté C B; l'intersection de ces deux arcs donne le point B, qui détermine tous les points du triangle.

DE LA MESURE DES SURFACES.

Tous les angles intérieurs d'un polygone quelconque font ensemble autant de fois deux angles droits, ou 180^d, qu'il y a de côtés moins deux, parce qu'un polygone est divisible en autant de triangles qu'il y a de côtés moins deux, et que comme on l'a dit plus haut, les trois angles d'un triangle valent 180^d. On voit, par exemple, que le polygone de la *fig.* 18 a quatre côtés, et que l'on peut le diviser en deux triangles; et que celui de la *fig.* 19 qui en a six, peut être divisé en quatre triangles.

Mesurer la surface ou l'aire d'un polygone,

c'est chercher combien de fois cette surface en contient une autre regardée comme unité.

La surface dont on se sert pour en mesurer une autre, est le carré parfait, tel que A B C D (*fig.* 20) dont les quatre côtés sont égaux, et les angles droits. Les côtés seront d'une longueur déterminée, telle que le mètre ou partie du mètre, ou bien la toise ou partie de la toise, suivant qu'on veut connaître combien la superficie dont on cherche la grandeur contient de mètres ou de toises carrées. Si donc on avait à mesurer la *fig.* 21, il faudrait se servir de la figure 20 qui représente l'unité, et l'appliquer d'abord le long de la ligne A D, on trouvera qu'elle y est contenue quatre fois, et ensuite sur la ligne A B où elle est contenue six fois. En multipliant ces deux nombres l'un par l'autre, on aura 24, qui est le nombre de fois que le petit carré est contenu dans le grand. On voit par là que, pour avoir la superficie d'un rectangle quelconque, il suffit de multiplier la hauteur par la base. Si l'on avait à mesurer la superficie d'un triangle, il faudrait multiplier la hauteur par la base et prendre la moitié du produit, parce que tout triangle quelconque est la moitié d'un carré de même base et de même hauteur, tel que le triangle D C B (*fig.* 22) qui a pour base D C et pour hauteur C B, qui sont aussi la base et la hauteur du carré A D C B. D'après ce principe, on pourra mesurer tout polygone quelconque, en le réduisant en triangles, comme on peut le voir à la *fig.* 19. Pour avoir la surface d'un trapèze A C B D (*fig.* 18), on multipliera la moitié de la somme des deux côtés parallèles C B et A D par le côté B D qui leur est perpendiculaire, et qui, par conséquent, est la hauteur du trapèze.

DES INSTRUMENS.

Avec la connaissance des principes que nous venons de donner, il faut encore celle des instrumens propres à opérer sur le terrain, et à en rapporter la figure sur le papier.

On appelle jalon (*fig.* 23) un bâton d'environ un mètre cinquante centimètres de longueur, ayant un bout propre à entrer dans la terre, et l'autre fendu pour y mettre un morceau de papier blanc d'environ cinq centimètres carrés, qu'on nomme *mire*.

On appelle *équerre* (*fig.* 24 et 25) un instrument propre à lever le plan d'un terrain d'une médiocre étendue, comme une pièce de terre dont on voudrait connaître la superficie, sans en faire le rapport géométrique sur le papier. Il doit être au bout d'un bâton (*fig.* 24.) de la longueur d'un mètre cinquante centimètres, dont un bout est ferré d'une pointe d'acier, et l'autre destiné à entrer dans la douille de l'équerre.

On appelle *graphomètre* un instrument (*fig.* 26) qui sert à lever toute espèce de plans. Les géomètres le regardent comme le meilleur à cause de sa justesse et de son expédition; c'est pourquoi nous ne nous attacherons qu'à lui.

Les autres instrumens sont au surplus fondés sur les mêmes principes.

Le graphomètre est un demi-cercle de cuivre, divisé en 180^d, ayant une *alidade* immobile A B (*fig.* 26.) et une autre D E qui tourne sur le point C, centre du cercle; elles ont à leur extrémité une *pinule* pour observer les objets; elle est représentée en grand sous le point B. Le graphomètre est aussi muni d'une petite boussole au milieu, pour orienter le plan. On le place quelquefois sur un bâton comme celui de la *fig.* 24, ou sur un pied à trois branches comme celui de la *fig.* 27, lorsqu'on est sur un terrain trop dur ou sur le pavé.

On doit avoir, pour lever un plan, une chaîne divisée en dix parties égales, et les deux dixièmes des extrémités divisés aussi en dix parties égales, ce qui donne des centièmes. On aura aussi des *fiches* de fer, longues d'un demi-mètre, comme à la *fig.* 28.

Pour rapporter sur le papier le plan fait en brouillon

brouillon, on se sert d'un *compas* (*fig.* 29) à pointes changeantes; de deux *règles en équerre*, comme à la *fig.* 30; d'un *rapporteur* (*fig.* 31) fait en corne ou en cuivre, ayant environ un décimètre de diamètre, et gradué comme le graphomètre. L'*échelle* doit être faite sur bois ou cuivre (*fig.* 32) avec le plus grand soin, et divisée suivant qu'on voudra que le plan soit plus ou moins grand. Les échelles les plus usitées sont celles d'un millième pour mètre, pour les plans d'un terrain peu étendu; plus grandes pour le détail des maisons, et plus petites pour les cartes géographiques. On aura soin de ne pas oublier de mettre une échelle simple sur les plans: elle sera divisée comme la ligne A B (*fig.* 32).

LEVÉE DES PLANS.

On appelle *plan d'un terrain* sa représentation sur le papier. Pour avoir cette représentation, il faut opérer comme il suit.

Soit donnée la pièce de terre (*fig.* 33) dont

on veut avoir le plan ; le moyen le plus simple est de diviser le terrain en triangles rectangles et en trapèzes. A cet effet on examinera d'abord tous les angles et toutes les sinuosités du terrain, afin de reconnaître quelle serait la base la plus avantageuse à prendre. Ayant reconnu que, dans ce cas, c'est la ligne tirée de l'angle A à l'angle B, on marquera cette ligne avec des jalons placés de distances en distances, dans l'alignement A B, et de manière qu'en appliquant l'œil contre celui placé au point A, les autres se trouvent cachés par lui. On abaissera ensuite des perpendiculaires de chacun des angles D, C, E, F, G, sur cette base, et on les marquera aussi avec des jalons ; mais comme on ne connaîtra aucun des points O, L, K, I, H, où ces perpendiculaires tomberont, il faudra les déterminer.

Il est évident que si on connaissait l'angle B E H, on déterminerait facilement le point H en traçant, au moyen du graphomètre placé au point E, une ligne E H qui fît avec E B un angle égal à B E H ; le point où cette ligne rencontrerait la base A B serait le point demandé. Or, dans le triangle B E H, on connaît l'angle E H B, puisque c'est un angle droit; on peut mesurer l'angle H B E, donc on connaît aussi l'angle B E H, donc on peut déterminer le point H.

On agira de même pour les autres points I L O en considérant successivement les triangles I B F, A D L, A G O. Quant au point K, il faudra le déterminer au moyen du trapèze CDLK dans lequel on connaît les deux angles D L K, L K C qui sont droits, on peut mesurer l'angle C D L, puisqu'alors la ligne D L sera marquée avec des jalons, on connaîtra par conséquent l'angle D C K en retranchant la somme des trois angles connus, de deux fois 180^{d} ou 360^{d}. On pourra donc aussi déterminer le point K.

Cette opération terminée, on dessinera grossièrement sur le papier (*fig* 34) le terrain tel que l'œil le représentera, en ayant soin de tracer en lignes pleines les côtés du terrain ; en lignes ponctuées celles qu'on forme avec des jalons. Ce dessin s'appelle *croquis* ou *brouillon*.

On mesurera ensuite sur le terrain la distance B H de dix mètres ; on cotera cette mesure sur le brouillon, entre les points *h* et *b* qui représentent les points H et B du terrain. On mesurera également la perpendiculaire E H de quinze mètres, qu'on cotera sur le brouillon entre les points *e* et *h*. On opérera de même pour chacune des lignes H I, I K, K L, L O, O A, et des perpendiculaires F I, C K, D L, O G.

Connaissant ainsi toutes les dimensions des triangles et trapèzes qui composent le terrain, on en tracera facilement le plan sur le papier, en employant le compas et le rapporteur au lieu de la chaîne et du graphomètre, ainsi qu'il suit.

On tirera au crayon une ligne indéfinie *a b* (*fig.* 35) ; on prendra sur l'échelle la première distance *b h*, de 10 mètres ; on élevera au point *h* une perpendiculaire sur laquelle on portera, à partir du point *h*, la distance 15 m. 00, ce qui déterminera le point *e*; on tirera du point *e* au point *b* la ligne à l'encre *e b*, alors on aura le triangle *e h b* semblable au triangle E H B (*fig.* 33). On prendra la distance 6 m. que l'on portera du point *h* au point *i*; on élevera à ce dernier point une perpendiculaire, sur laquelle on marquera la distance 14 m. 10 c. qui déterminera le point *f*, par lequel et par le point *b* on mènera la ligne *f b* qui donnera le triangle *f i b*; semblable au triangle F I B (*fig.* 33). On portera aussi du point *i*, toujours sur la même ligne *a b*, la distance 15 m. qui donnera le point *k*, auquel point on élevera une perpendiculaire de 7 m. qui déterminera le point *c*. On aura alors le trapèze *k c e h* semblable au trapèze K C E H (*fig.* 33). La même opération se fera du point *k* au point *l*, du point *l* au point *d*, du point *l* au point *o*; du point *o* au point *g*, et du point *o* au point *a*; on aura alors le polygone *a d c e b f g*, semblable au terrain A D C E B F G (*fig.* 33.). Si l'on veut avoir la contenance de ce terrain, on agira comme il suit, d'après les cotes du brouillon (*fig.* 33).

On multipliera la première longueur B H de 10 m. par la perpendiculaire H E de 15 m. on aura 150 m. dont on prendra moitié, ce qui fait 75 m. pour la superficie du triangle B H E, ci. . . . . . . 75 m. 00 c.

On ajoutera la longueur B H de 10 m. à la longueur H I de 6 m. on aura 16 m. pour la longueur de la base B I, que l'on multipliera par la perpendiculaire I F de 14 m. 10 c. ce qui donne 226 m. 60 c. dont la moitié, 112 m. 80 c. est la superficie du triangle B I F, ci. . . . 112, 80.

On ajoutera la distance H I qui est 6 m. à la distance I K de 15 m. ce qui donne 21 m. pour la longueur du côté H K du trapèze H K C E, on ajoutera aussi la perpendiculaire H E de 15 m.

187, 80.

De l'autre part	187, 80.
à celle K C de 7 m. ce qui donne 22 m. que l'on multipliera par K H de 21 m. et on aura 462 m. dont il faut prendre moitié à cause des deux côtés K C et H E du trapèze que l'on a ajoutés ensemble pour avoir la base réduite du trapèze précité, ce qui donne pour surface du trapèze. . .	231, 00.
On opérera de même pour le trapèze K L D C et on aura 54 m. 30 c. ci.	54, 30.
De même pour le trapèze O I F G qui donne 434, 88 c. . . .	434, 88.
De même que ci-dessus pour le triangle D L A, ce qui donne 73 m. 26 c. ci.	73, 26.
Et enfin de même pour le triangle A O G qui donne 49 m. 40 c. ci	29, 40.
Total pour la superficie de la fig. 33 1010 m. 64 c. ci.	1010 m. 64 c.

Pour lever le plan d'une petite propriété composée de plusieurs pièces de terre et autres détails, comme maisons, jardins, rivières, etc., examen fait du terrain, il faudra disposer un nombre suffisant de lignes pour en faire le tour intérieurement ou extérieurement, comme, par exemple, les lignes A B, B C, C D, D E, et E A de la figure 38, que l'on va considérer comme un terrain à lever. On la considérera aussi comme le rapport géométrique de ce même terrain, en supposant toutes les lignes ponctuées au crayon, et devant disparaître (le rapport terminé) ainsi que toutes les cotes, qui ne sont ici que pour indiquer la manière de les placer sur la minute faite sur le terrain.

On figurera sur la minute les lignes ponctuées et pleines autant approchées de la vérité que faire se pourra; on ajoutera aussi, sur cette minute, le nom des pièces de terre, si elles en portent, et celui des rivières, chemins, maisons etc., afin de les marquer sur le rapport, si les propriétaires ou les cas l'exigent.

Ayant

Ayant ainsi disposé les cinq lignes précitées, avec des jalons bien plantés dans leurs alignemens respectifs, on prendra, avec le graphomètre, l'ouverture de l'angle A, qui est de 105 degrés, que l'on cotera sur la minute, comme il est indiqué au point A. On prendra de même l'ouverture de l'angle B, qui est de 95 degrés, que l'on cotera sur la minute, comme il est indiqué au point B. La même opération se fera pour l'angle C de 92 degrés, pour l'angle D de 108 degrés, et enfin, pour l'angle E de 140 degrés. Tous les degrés cotés sur la minute doivent être écrits entre les côtés de chacun des angles auxquels ils appartiennent. On comptera le nombre des lignes du polygone, et d'après le principe donné que tous les angles d'un polygone valent ensemble autant de fois 180 degrés qu'il y a de côtés moins deux, on trouvera que celui dont il s'agit ayant 5 côtés, ses angles intérieurs doivent valoir 3 fois 180^{d} ou 540 degrés. Il faudra donc que la somme des angles A, B, C, D et E soit égale à 540 degrés.

Si ces deux sommes n'étaient pas semblables, on aurait la preuve que les ouvertures d'angles ont été mal prises sur le terrain, ou que le graphomètre dont on s'est servi n'est pas juste, ce qui obligera de recommencer l'opération. Ce travail préliminaire étant fait, on levera le détail ainsi qu'il suit : on mesurera, sur le prolongement de la ligne A B, la distance du point A au point *m* de 1 m., que l'on cotera sur la minute, entre le point A et le point *m*. On mesurera sur la même ligne la distance du point A au point F de 1 m. 30 c. que l'on cotera sur la minute entre le point A et le point F; on élevera, à ce dernier point, une perpendiculaire sur laquelle on mesurera la distance F a, de 1 m. 95 c. que l'on cotera sur la minute, en travers, entre le point F et le point *a*. On fera de même du point F au point *b*. On mesurera la distance du point A au point G de 2 m. 80 c. que l'on cotera sur la minute, comme ici, entre le point F et le point G. On élevera une perpendiculaire à ce dernier point et on mesurera les distances G *b* de 1 m. 60 c. et *G a* de 1 mètre 60 c. que l'on cotera de la même manière que ci-dessus. On mesurera la distance du point A au point H de 4 m. On élevera une perpendiculaire à ce dernier point et on opérera comme sur la dernière perpendiculaire, en ayant toujours soin de coter ces mesures comme il a été dit plus haut. On mesurera la distance du point A au point I, qui est sur le bord du fossé CO, on aura 5 m. 50 c. On mesurera la longueur de ce fossé du point I au point O de 1 m. 10 c. On mesurera ensuite la distance AK de 5 m. 80 c., et la perpendiculaire KC de 2 mètres 20 c., au moyen de laquelle on aura le bord de la rivière et l'extrémité C du fossé CO. On continuera de mesurer les distances du point A aux points L, M, N, ainsi que la longueur de chacune des perpendiculaires élevées aux points L et M. On mesurera aussi la longueur de la haie *a e* ainsi que l'angle M N *a*, pour connaître la direction de la ligne *a c*. On mesurera ensuite la distance du point A au point B; celle du point B au point *f*, sur le prolongement de la ligne A B, pour avoir le bord de la rivière, et enfin celle du point B au point *e*, pour avoir le bord opposé. Cette première base étant ainsi mesurée, on passera à la seconde B C, en opérant d'après les mêmes principes, tant pour mesurer les distances, que pour les coter dans le même ordre, ce qui est essentiel pour ne pas se tromper en faisant le rapport. On agira de même pour les bases C D, D E et E A.

Pour avoir les points intérieurs du plan, comme celui R par exemple, on mesurera du point connu S, la distance S R de 7 m. 30 c.; du point Q, aussi connu, on mesurera la distance Q R de 7 m. 70 c. Dans le rapport sur le papier, pour avoir le point R, il suffira de prendre sur l'échelle une ouverture de compas de 7 m. 30 c. avec laquelle, et du point S, comme centre, on décrira l'arc *m n*, et de même, avec une ouverture de 7 m. 70 c., du point Q comme centre, on décrira l'arc *p c*; le point où ses deux arcs se couperont sera le point R. La même opération sera faite pour avoir le point P. Pour déterminer sur le rapport géométrique les autres points, tels que T et U, on mesurera sur le terrain la distance S T de 4 m. 50 c.; on prendra cette distance sur l'échelle, et on la portera de S en T, ce qui déterminera le point T; par ce point et par le point Y, on tirera une ligne TY; on mesurera ensuite sur le terrain la distance T U de 4 m. 10 c., on prendra cette distance sur l'échelle et on la portera de T en U sur la ligne TY; on connaîtra par ce moyen le point U.

Si une ligne, telle que V R, n'était pas droite, on tracerait une ligne droite d'une extrémité à l'autre, et sur cette ligne droite, on éleverait des perpendiculaires à toutes les sinuosités, comme il a été démontré sur la ligne A B.

L'opération faite sur le terrain et bien disposée sur le brouillon, comme à la figure 38, on en fera le rapport sur telle échelle qu'on voudra; cette échelle doit être divisée comme celle indiquée à la figure 32. La diagonale C D donne les dixièmes d'unités; on ne parle point des centièmes, parce qu'ils sont imperceptibles dans le rapport, à moins qu'on ne se serve d'une échelle très grande ; alors la division qui donne les dixièmes donnera les centièmes, et celle qui donne les unités donnera les dixièmes, etc. L'échelle étant déterminée, on opérera sur le papier comme sur le terrain, en se servant, au lieu de graphomètre, d'un rapporteur. Sur une ligne indéfinie *m e*, (*fig.* 38) on marquera à volonté le point A, sur lequel on placera le rapporteur pour avoir l'ouverture d'angle de 105 degrés, formée par les lignes A E et A B ; on prendra sur l'échelle la distance A B de 14 m. 50 c. ; on placera le rapporteur au point B, pour avoir l'ouverture d'angle formée par les lignes A B et C B ; la même opération se fera aux points C, D et E. Les distances cotées sur la minute seront prises sur l'échelle avec le compas qui fait ici l'office de la chaîne sur le terrain.

Les lignes ponctuées sur le rapport qui sert aussi de minute, devront être au crayon, et disparaître, le rapport terminé. Les lignes servant de démarcation aux différentes propriétés seront mises à l'encre.

Si l'on voulait avoir la contenance de chaque pièce de terre, on les diviserait en triangles, comme celle N° 13. On pourrait établir, en marge du plan, par ordre de numéro, le nom, la nature et la contenance de chaque partie de ce plan.

Observations essentielles.

Il faut orienter le plan sur le terrain avec la boussole du graphomètre, afin de disposer le rapport géométrique, comme il est d'usage, le Nord dans le haut de la feuille du papier.

Pour y parvenir, il faut placer le graphomètre à boussole au point B (*fig.* 33.) et diriger l'alidade immobile, qui est parallèle à la ligne du nord de la boussole, sur le côté B E, en ayant soin que le point de la boussole, marqué du mot *Nord*, soit vers le point E. On observera alors de combien de degrés l'aiguille de la boussole est éloignée de la ligne du nord ou du point zéro;

c'est-à-dire, quel angle elle forme avec le rayon visuel de l'alidade immobile. On trouvera 41 d. que l'on aura soin de marquer sur le brouillon. Le plan étant rapporté, il sera facile d'avoir la ligne du nord en prenant, avec le rapporteur, sur la ligne B E, une ouverture d'angle de 41 d. Il existe une variation dans l'aiguille aimantée, ainsi qu'une déclinaison ; mais comme elle varie suivant les lieux, on néglige cette variation. La déclinaison est d'environ 22 d. ouest, qu'il faut retrancher de 41 d. pour avoir le vrai nord ou la méridienne du lieu.

Il faut avoir l'attention, en mesurant une ligne dans les côtés, de tenir la chaîne parallèle à l'horison, sans quoi on n'aurait pas le plan vrai du terrain, les lignes ne pouvant plus se raccorder avec celles faites en plaine ; la ligne A D (*fig.* 33) indique la manière d'opérer : ayant placé un bout de la chaîne sur le sommet D de la côte, on élève l'autre extrémité *a* de niveau avec le point D, et de cette extrémité *a*, on laisse tomber la fiche qui marque le point *e* ;

on place un bout de la chaîne à ce dernier point, et l'autre bout au point *b* de niveau avec le point *e* : on laisse encore tomber la fiche au point *c*, et l'on continue d'opérer de même du point *c* au point *d*, du point *d* au point *g*, du point *g* au point *h* et du point *h* au point A ; ce qui donne les lignes *D a*, *e b*, *c d* et *g h*, égales en somme à la base A L, qui est la ligne vraie du plan.

On aura soin de marquer sur le rapport toutes les séparations des propriétés adjacentes à celle sur laquelle on opère, ainsi que la nature du terrain et le nom des propriétaires à qui elles appartiennent.

On aura soin aussi de marquer les fossés par deux lignes parallèles, et d'y mettre la couleur d'eau, si les fossés dépendent de la propriété qu'on lève, tels que V *m*, ou V R (*fig.* 38). S'ils ne dépendent pas de la propriété qu'on lève, il faut les laisser en blanc, comme celui *a e*, au champ n° 11. On observera que, pour distinguer à qui appartient la haie qui borne une propriété, on doit la planter du côté d'où elle dépend, comme celle de la ligne T S, qui indique qu'elle appartient au n° 14; mais celle Z X qui est *extrà*, c'est-à-dire dehors, annonce qu'elle dépend de la propriété adjacente. On aura soin aussi de ne colorier que celles dépendantes de la propriété levée.

Lorsqu'il y aura haie et fossé, comme à la ligne V X et V *m*, on plantera la haie sur le bord du fossé, du côté de la propriété dont elle dépend. Les fossés, en général, dépendent de la même propriété que la haie.

Le plan de la planche 5 se lève par les mêmes principes que celui de la planche 4.

DU PLAN D'UNE VILLE.

Pour lever le plan d'une ville, d'un village ou d'un bourg, on se sert toujours de la même méthode, en entourant chaque massif de maison d'un polygone.

Il y a deux manières de lever le plan d'une ville. La première s'emploie lorsque l'on veut avoir le plan des rues, pour en faire la carte générale; la seconde, lorsqu'il s'agit d'un projet de route ou du redressement d'une rue.

La droite de la ligne A B (*planche* 6) va servir d'exemple pour la première manière. On n'entrera plus dans les détails de la minute ni du rapport, la marche ayant été donnée à la planche 4; on donnera seulement la manière d'opérer sur le terrain.

La ligne A B étant tracée, on mesurera la perpendiculaire abaissée du point *a*, premier angle de la rue, ainsi que la distance du point A au point C, où tombe la perpendiculaire abaissée du point *e*, second angle de la rue; on mesurera cette perpendiculaire, ce qui fera connaître l'alignement *ca* de la rue.

On mesurera de même la distance du point A au point E et la perpendiculaire E*i*, pour avoir le second alignement *ei* de la rue. On choisira alors un point F, duquel on puisse avoir facilement l'extrémité G de la rue FG. On mesurera la distance de ce point F au point A :

on tracera ensuite, au moyen du graphomètre, placé au point F, une ligne FG qui servira de base pour lever la rue FG. Ayant placé le graphomètre au point G, on mènera une autre ligne GH, qui rencontrera la ligne AB au point H, ce qui renfermera le massif de maisons (*fig.* 40) entre les lignes FG, GH et HF, sur lesquelles on opérera pour avoir les angles des rues, comme on a fait du point A au point F. La même marche sera suivie pour les autres massifs et rues, en ayant soin de faire toutes les lignes les unes sur les autres, et de calculer toutes les ouvertures d'angles, comme il a été indiqué à la figure 38.

Pour la seconde manière de lever le plan d'une ville, il faut agir comme nous allons le démontrer à gauche de la ligne AB (*planche* 6). On va voir qu'il faut alors lever très exactement le détail des différentes propriétés, marquer les séparations de chaque maison, jardin, mur, haie, etc., afin de voir, d'après le plan, ce que l'on prendrait de chaque propriété, pour en accorder l'indemnité, s'il y a lieu.

On mesurera d'abord du point A au point *y*, du point A au point D, du point D au point *o*, et du point *o* au point *g*; on connaîtra alors l'emplacement du mur *gy*. On mesurera aussi du point D au point *f*, du point D au point S, et on aura la longueur *of* de la maison (*fig.* 42) et le côté du mur *fS*: on mesurera ensuite, à partir du point A, la distance AF. On placera le graphomètre au point F; pour diriger la ligne FK, qui forme, avec la ligne AF, une ouverture d'angle de 94 degrés; sur la ligne FK, en partant du point F, on mesurera la distance FP et la perpendiculaire *b*P, abaissée de l'angle *b*, ce qui déterminera la façade de la maison (*fig.* 42). Du point F on mesurera jusqu'au point Q, où la perpendiculaire RQ, abaissée de l'angle R, rencontre la ligne FK: on mesurera aussi cette perpendiculaire, et l'on aura l'angle du mur SR.

Ayant ainsi levé le plan extérieur de la figure 42, il suffira, pour en avoir les autres détails, de mesurer les distances *fn*, *nm*, *mp*, *pd*, *dh et hb*. On opérera de même pour la figure 43, ainsi que pour toutes les autres propriétés du plan, à gauche de la ligne A B, qui sont toutes détaillées.

DES BATIMENS.

Pour lever le plan d'un bâtiment (*planche* 7, *figures* 44; 45, 46, 47, 48, 49, 50 et 51), on examinera d'abord si les angles des murs, tant intérieurs qu'extérieurs, sont droits, comme ils le sont ordinairement. On commencera alors à mesurer, par exemple, la porte de la pièce (*fig.* 44) du point *a* au point *b*, pour avoir sa largeur; du point *b* au point *e*, pour la largeur du seuil; du point *e* au point *n*, pour la largeur de la feuillure; du point *b* au point *o*, pour la largeur totale du mur; et du point *o* au point *m*, pour avoir l'évasement de la porte. Du point *m* on mesurera jusqu'au point *c*; de ce point au point *d*, ce qui donne la largeur totale de la chambre; et de même du point *d* au point *f*; du point *f* au point *g*; du point *g* au point *h*; du point *h* au point *i*, pour avoir la profondeur de la cheminée; du point *h* au point *l*, pour connaître sa largeur; du point *l* au point *p*; du point *p* au point *q*; du point *q* au point *r*; du point *r* au point *s*, ce qui donne la largeur de l'écoinçon; du point *s* au point *u*, pour l'évasement de la croisée; du point *u* au point *v*, pour avoir la profondeur de son embrasure; du point *v* au point *t*, pour la largeur de la feuillure; du point *v* au point *x*, pour l'épaisseur de l'appui; du point *x* au point *y*, pour avoir la largeur totale du vide de la croisée; et du point *x* au point *z*, pour connaître l'angle extérieur de la maison, de même pour les autres portes et croisées de toutes les pièces de ce bâtiment.

On aura soin de marquer aussi, comme à la figure 46, l'escalier, les murs de refend, tels que CD (*fig.* 47) et enfin tout ce qui pourrait faire partie de la bâtisse.

DES RIVIÈRES.

Si l'on avait à lever le plan d'une rivière un peu large, ou d'un fleuve, il faudrait pour cela former une chaîne de triangles, comme à la figure 52, et operer comme il suit. On prendra sur le terrain une base telle que AB; du point A on mènera un rayon visuel sur l'autre bord de la rivière, au point C, qu'on suppose un objet remarquable ou un jalon planté exprès : il en est de même de tous les points qu'on mire. A une distance connue du point A au point E, par exemple, on mènera un rayon visuel au point C; du même point E on mènera un rayon visuel sur l'autre bord de la rivière, au point D; et à une distance connue; telle que AB, on mènera un autre rayon visuel du point B au point D, ce qui forme plusieurs triangles, dont on peut connaître tous les angles et au moins un côté. En mesurant la ligne AB, on aura soin de de mener des perpendiculaires à toutes les sinuosités de la rive droite. (On entend par rive droite d'une rivière le côté droit, en partant de sa source, pour aller vers son embouchure). On opérera de même sur la ligne CD, pour avoir les sinuosités de la rive gauche; on aura soin aussi de marquer toutes les séparations des propriétés adjacentes, ainsi que les maisons; moulins, rivières, ruisseaux, rochers, chemins, îles, et enfin tout ce qui se trouve de remarquable sur le bord.

Les îles qui se trouvent dans une rivière doivent être marquées très exactement, et levées séparément, après y avoir fait passer une ligne pour avoir leur position géométrique, comme celle OI (*fig.* 52).

DES PLANS TOPOGRAPHIQUES.

Si l'on veut faire le plan topographique d'un lieu, il ne s'agit plus de détailler les propriétés particulières, mais seulement les chemins, ruisseaux, rivières, étangs, prairies, vignes, bois, landes, montagnes, carrières, maisons et rochers, afin d'en pouvoir faire la description topographique, le plan sous les yeux. Si cette levée de plan embrassait une étendue plus grande que le territoire d'un département, on la considérerait alors comme carte géographique (il faudrait avoir recours au traité d'*Ozanam* pour cette opération). Mais si ce plan ne comprend, par exemple, que le territoire d'une commune, comme celui de la planche 8, on suivra la même méthode qu'à la planche 4; seulement, au lieu d'un polygone qui embrasse le terrain, on en fera plusieurs contigus, et disposés de manière que l'un enveloppe la forêt A, l'autre l'étang B, l'autre le bourg C, l'autre le canton de vigne D, etc.

DES POINTS INACCESSIBLES.

Si l'on avait à trouver la distance du point A au point C (*fig.* 54), sans passer la rivière, on placerait le graphomètre au point A, et l'on dirigerait un rayon visuel sur le point B, pour former une base AB que l'on mesurera avec soin. Du point A, ayant placé l'une des pinules sur la ligne AB, on dirigera l'autre sur le point C, et l'on aura une ouverture d'angle de soixante-treize degrés. On transportera le graphomètre au point B, et l'une de ses pinules étant dirigée vers le point A, et l'autre sur le point C, l'on aura une ouverture d'angle de trente-trois degrés ; on connaîtra alors la base AB du triangle ABC, et les deux angles A et B, ce qui suffit pour déterminer le point cherché C.

Si l'on voulait encore connaître la distance du point C au point D, sans passer la rivière, il faudrait alors opérer pour le point D comme on fait pour le point C, en se servant de la même base A B; le rapport donnera les deux triangles A C B et A D B, qui ont la même base, et dont les sommets C et D détermineront la distance des points C au point D sur le terrain.

Si l'on était sans instrument pour faire les opération précédentes, on se servirait de la méthode suivante (*fig.* 55). Ayant à trouver le point C, on formera une ligne A B à volonté, de huit mètres par exemple. Du point A on dirigera vers le point C une ligne qui se terminera à la rivière; on mesurera sur cette ligne une longueur quelconque, d'un mètre cinquante centimètres, que l'on marquera au point F; on mesurera la même distance sur la ligne A B, ce qui donne le point O; on mesurera enfin du point O au point F, ce qui donne un mètre trente cent.; et l'on aura alors le triangle A O F, dont on connaît les trois côtés. La même opération sera faite au point B, et le rapport fait, le point où se rencontreront les prolongemens des côtés A F et B G sera le point C cherché.

Pour avoir la hauteur d'une chose inaccessible, comme d'une tour, (*fig.* 56.) on mettra le graphomètre verticalement, de manière que le point A soit à la même distance de la terre que le point B, où le rayon visuel de l'alidade immobile rencontre la tour. On placera l'autre alidade F G, formant une ouverture d'angle de

45 degrés; on s'avancera ou on s'éloignera de la tour jusqu'à ce que le rayon visuel G F rencontre l'extrémité de la tour au point D. On placera, dans le prolongement de la ligne D F, une remarque sur la terre au point O, ce qui donnera le triangle O D C dont on connaît l'angle droit C de 90 degrés, l'angle O de 45 degrés, l'angle D aussi de 45 degrés, et le côté O C de 6 mètres 10 centimètres, qui doit être égal à la hauteur de la tour, puisque les angles O et D sont égaux et ont un côté D O commun.

Si l'on ne pouvait approcher de la tour, on formerait une base sur le terrain, telle que S O, que l'on mesurerait avec soin; alors on prendra l'ouverture de l'angle O, ainsi que de l'angle S, et on connaîtra deux angles et un côté du triangle O D S, et par conséquent le point D d'où l'on abaissera une perpendiculaire D C sur le prolongement de la ligne S O; le point C où elles se rencontreront déterminera la hauteur de la tour.

Si l'on ne voulait avoir que partie de la hauteur de la tour, comme du point N au point D, il faudrait mener, de la même base O S, deux autres rayons visuels, l'un du point O au point N, et l'autre du point S au point N, ce qui donnera par le rapport comme à la *fig.* 54 la distance N D.

Pour faire les opérations précédentes, on aura soin de placer le diamètre du graphomètre horizontalement par le moyen d'un plomb suspendu, et le fil s'applique directement sur les 90 degrés.

DES PARTAGES.

Pour diviser un triangle, il faut partager l'un des côtés en autant de parties égales que l'on voudra avoir de triangles, et mener, de chacun des points de division, une ligne au sommet de l'angle opposé à la ligne divisée.

EXEMPLE.

Soit donné le triangle A B C (*fig.* 36) à diviser en trois parties égales, il faut diviser la ligne A B en trois parties égales A D, D O et O B, et tirer du point D au point C la ligne

D C, on aura le triangle A D C, égal au tiers du triangle A B C, ce qui est facile à concevoir, puisqu'il a la même hauteur C F, et une base A D trois fois plus petite que celle A B. On opérera de même du point O au point C, ou du point D au point E, en divisant la ligne C B en deux parties égales.

Pour trouver un point dans le triangle A B C (*fig.* 16.), au moyen duquel on puisse diviser ce triangle en trois parties égales, il faut d'abord prendre le tiers B *e* de la ligne B C, et celui A *n* de la ligne A C, mener par les deux points *e n* la droite *e n* qui sera parallèle à A B, et diviser ensuite cette ligne *e n* en deux parties égales, le point milieu O sera le point cherché. On mènera de ce point O des lignes à tous les angles du triangle, et on aura trois petits triangles dont chacun sera égal au tiers du grand triangle A B C.

Si l'on avait à partager un triangle A B C (*fig.* 36) entre cinq héritiers, de manière que deux eussent chacun un quart, et les trois autres un sixième, on n'aurait qu'à diviser la base A B du triangle en deux parties égales, et l'une de ces parties en deux autres parties égales, ce qui donnerait la part des deux premiers. Pour avoir celle des trois autres, on diviserait la moitié restante en trois parties égales.

Pour partager un polygone en autant de parties qu'on voudra, il faut d'abord en connaître la superficie, la mettre en rapport avec le nombre des portions à faire et en faire la division sur le terrain.

EXEMPLE.

Soit donnée la figure A B C D E F (*fig.* 37) à partager en trois parties égales, connaissant la superficie qui est de 120 mètres, on sait que la part de chaque partageant est de 40 mètres. On mesurera un des côtés de la figure, tel que C D, que l'on partagera en trois parties égales D O, O P et P C; on mesurera ensuite la ligne O F, ainsi que la superficie O F E D qui est de 36 mètres carrés: il reste donc encore 4 mètres à ajouter à cette superficie pour avoir le tiers.

Pour y parvenir ; sachant que la ligne O F a 8 mètres, on prendra 1 mètre sur la ligne F A, de F en Q, on aura le triangle F O Q de 4 mètres carrés qui complètent le premier tiers. On opérera de même pour la partie A B C P, en faisant varier le point A : le reste R Q O P formera la troisième portion.

Si l'on avait à partager le terrain (*fig.* 33) entre deux héritiers, dont l'un dût avoir le quart et l'autre les trois quarts, comme cette pièce de terre contient 1010 mètres 64 cent., on aura, pour le quart, 252 mètres 66 cent. On mesurera la ligne D V qui a 26 mètres de longueur et la perpendiculaire L A de 13 mètres 20 cent., ce qui donne, étant multipliés l'un par l'autre, 243 mètres 20 centimètres, dont moitié, 171 mètres 60 centimètres, pour la superficie du triangle A V D ; on multipliera aussi la base du triangle A G V par sa hauteur, et on prendra moitié du produit ; ce qui fait 80 mètres 6 cent. qu'on ajoutera avec 171 mètres 60 centimètres, pour avoir la superficie totale du trapèze DAGV, qui est 251 m. 66 c. Il faut donc encore ajouter un mètre carré à ce trapèze pour former le quart cherché de 252 m. 66 c., ce qui se fera en faisant varier le point V vers le point F de 38 c. Le reste sera la portion de l'autre partageant.

TRAITÉ
DU NIVELLEMENT.

DEUXIÈME PARTIE.

Nous avons développé dans la première partie de cet ouvrage tout ce qui tient à la pratique de la levée des plans ; mais, comme il est souvent utile d'avoir quelques connaissances du nivellement, nous allons donner les moyens de pratique les plus nécessaires et les plus simples pour les nivellemens qui, ne présentant pas de grandes difficultés, peuvent être faits sans le secours des ingénieurs.

Niveler un terrain, c'est chercher de combien un point de ce terrain est plus haut ou plus bas qu'un autre, ou le rapport qu'il y a entre plusieurs points, relativement à une ligne de niveau. Cette ligne de niveau peut être conçue comme une perpendiculaire à notre zénith (1), ou comme une parallèle à l'horizon, c'est ce que nous donne l'eau en repos dans un bassin ou dans un vase.

On se sert ordinairement, pour niveler, d'un instrument qu'on appelle *Niveau* (*fig.* 70, *planche* XI), composé d'un tube de fer-blanc AB, d'environ 1 m. 40 c. de longueur, recourbé à angle droit aux extrémités, de 5 à 6 centimètres : aux deux bouts dudit tube, on en ajuste deux autres en verre, EC et ID de 18 à 20 centimètres de longueur. Il se pose sur un bâton d'arpenteur, comme le graphomètre : on l'emplit d'eau jusqu'à deux doigts du bord. Les points F et G, où l'eau est en contact avec l'air,

(1) Nous définirons ici le *zénith* par une perpendiculaire, abaissée du ciel sur le point où nous sommes, en passant par le centre de la terre.

forment une ligne FG de niveau, qui se prolonge à l'infini, et sert pour opérer les nivellemens, comme les lignes des jalons pour lever les sinuosités d'une rivière. Il est bon de mêler un peu d'encre ou de vin dans l'eau que contient le niveau, afin que l'œil aperçoive plus facilement les points F et G. Il est aussi nécessaire, pour faire un nivellement, d'avoir une mire composée de deux fortes règles *ab* et *cd*, (*fig.* 70); elles doivent être divisées en mètres et parties de mètre, ou en toises et parties de toise. On adapte, au bout de la plus petite de ces deux règles, un carton *efgh*, d'environ un décimètre carré, blanc d'un côté et noir de l'autre. Le côté blanc paraît mieux, quand il couvre quelque point de la terre, et le côté noir se détache davantage sur le fond bleu du ciel. Ce carton doit être juste au bout de la règle, et ne pas la dépasser.

PREMIER EXEMPLE.

Si l'on avait à trouver la différence de niveau,

entre le point I et le point M (*fig.* 70), ou autrement la pente qu'il y a du point M au point I, on examinerait d'abord si ces deux points ne sont pas trop éloignés l'un de l'autre, pour que d'un point N, à peu près milieu, on puisse les voir facilement. Il n'est pas nécessaire que le niveau soit dans la ligne IM, puisqu'il tourne sur le point O, et qu'après l'avoir dirigé sur le point M, on peut le diriger sur le point I, sans que la ligne de niveau change de plan. Ayant placé le niveau au point N, on fera dresser au point I la grande règle, sur laquelle on appliquera la petite, de manière qu'elle soit bien verticale. Alors celui qui opère portera l'œil au point G, à environ trois pas en arrière, et sur le côté du niveau, de façon que le point G se confonde avec le point F. Il fera hausser ou baisser la mire jusqu'à ce que le côté *e h* se trouve dans le prolongement de la ligne G F.

On convient, à cet effet, de signaux avec le porte-chaîne, ou quelqu'autre que ce soit, comme, par exemple, de hausser ou baisser le chapeau, et de présenter le dedans de la forme où sera un papier blanc, lorsqu'on veut avoir le côté blanc de la mire.

Lorsque la mire sera arrivée au point fixe, on en préviendra le porte-chaîne par un mouvement horizontal, avec la main ou le chapeau. Cet homme vous apportera alors la hauteur indiquée sur la règle, depuis l'extrémité de la mire au point H, jusqu'au point I. Je suppose cette longueur de 1 mètre 70 centimètres. Le porte-chaîne se transportera ensuite au point M, pour y faire la même manœuvre qu'au point I, et celui qui opère placera l'œil en arrière du point F, pour déterminer le point L, élevé au-dessus du point M de 1 mètre 20 centimètres. Cette opération finie, on retranchera la plus petite cote de la plus grande, c'est-à-dire un mètre 20 centimètres de 1 mètre soixante-dix; la différence 50 centimètres sera la pente du point M au point I. Si on voulait avoir la pente par partie, on mesurerait la distance du point H au point L, qui est, par exemple, de 50 mètres, ce qui démontre que la pente est d'un centimètre par mètre.

DEUXIÈME EXEMPLE.

Si l'on avait plusieurs points à niveler, tous visibles du point O (*fig.* 71), on placerait le niveau à ce point, et, par les manœuvres indiquées au point I de la figure 70, on déterminerait la hauteur FA qui est de 2 mètres 60 centimètres; on déterminerait aussi la hauteur DB de 2 mètres, et enfin celle GC de 2 mètres 30 centimètres. En comparant entr'elles ces hauteurs, on trouverait que le point D est plus élevé que le point F de 60 centimètres; que le point G n'est élevé au-dessus de ce même point F que de 30 centimètres, qui est la pente du point G au point F, et que le point D est au-dessus du point G de 30 centimètres. Si donc on avait à faire couler une source du point G vers le point F, il faudrait creuser le terrain au point D de 30 centimètres, différence de hauteur du point D au point G, plus de 15 centimètres moitié de la pente totale, en supposant toutefois que le point D est à égale distance du point F et du point G, c'est-à-dire que A B égale BC; car, si la distance du point D au point G n'était, par exemple, que le tiers de celle A C, on n'aurait à creuser au point D que de 30 centimètres, plus 10 centimètres, tiers de la pente totale. On voit que, pour établir cette pente, il faudrait déblayer tout le triangle FDG dans la largeur qu'on desirerait avoir.

TROISIÈME EXEMPLE.

Si le terrain était très inégal, quoique dans un petit espace, on serait obligé de donner un coup de niveau à chaque concavité et convexité, comme on le voit à la figure 72, aux points A, B, C, D et E. Dans cette opération de plusieurs points à niveler, on doit figurer le terrain sur le papier, à peu près comme il est, et l'on tire au-dessus une ligne ponctuée qui représente la ligne de niveau, de laquelle on abaisse des perpendiculaires à chaque point à niveler, ce qui indique le lieu du coup de niveau. La cote se place, en travers, à gauche de la perpendiculaire, comme on le voit aux figures 70, 71, etc.; la distance entre chaque coup de niveau se cote sur la ligne de niveau entre les deux perpendiculaires, comme à la figure 72, entre le point N et le point O, entre le point O et le point P, etc.

Le point E de la figure 72 étant plus élevé que le point A, pour avoir une pente égale entre ces deux points, on sera obligé, vu l'inégalité du terrain, de faire le rapport de l'opération. On se servira pour cela d'une échelle semblable à celle faite pour la levée des plans, et l'on opérera ainsi qu'on va le démontrer. On tirera d'abord une ligne au crayon, qui représentera la ligne du niveau telle que celle NS (*fig.* 72); ensuite on abaissera une perpendiculaire du point N, sur laquelle on portera la hauteur 60 centimètres qui donne le point A. On portera aussi, sur la ligne de niveau, la distance 61 mètres, pour avoir le point O, duquel point on abaissera une perpendiculaire de 50 centimètres, qui donnera le point B. On prendra sur la ligne de niveau la distance 70 mètres, ce qui marquera le point P, duquel on abaissera une perpendiculaire de 80 centimètres. Pour avoir le point C, on prendra toujours sur la ligne de niveau la distance PQ de 50 mètres; on abaissera de ce dernier point une perpendiculaire de 20 centimètres, ce qui donnera le point D. On mesurera enfin la distance QS de 79 mètres, duquel dernier point on abaissera une perpendiculaire de 40 centimètres, qui donnera le point E. Tous ces points étant trouvés, pour avoir la figure du terrain, il ne s'agira plus que de tirer les lignes pleines AB, BC, CD et DE.

La ligne lavée en terre d'ombre (fig. 72) indique le terrain naturel, celle en rouge, la pente uniforme du point E au point A. On voit par l'inspection de la figure que, pour exécuter cette pente, il faudrait déblayer le triangle FDE en profondeur et dans la largeur que l'on voudrait avoir la pente, et de même pour celui A B V. Au contraire il faudrait remblayer le triangle V C F dans toute sa hauteur et sa largeur. La ligne en jaune A G représente le terrain mis de niveau dans toute sa longueur, le point A étant à 60 centimètres de la ligne de niveau, tous les autres points du terrain devront être mis à la même distance, c'est-à-dire qu'il faudra creuser au point E de 20 centimètres, au point D de 40 centimètres, et au contraire élever le point C de 20 centimètres, et enfin creuser au point B de 10 centimètres.

QUATRIÈME EXEMPLE.

Si la pente du terrain à niveler était trop considérable, ou trop éloignée d'une extrémité à l'autre, on serait obligé de changer le niveau à plusieurs reprises. Nous allons donner la manière d'opérer à chaque changement, qu'on appelle ordinairement *station*. Soit par exemple le terrain C D G N, (*fig.* 73) à niveler : on posera d'abord le niveau dans la pente C D, de manière que l'on puisse donner au point C un coup de niveau d'un m. 10 c., un autre au point D de 3 m. 20 c. et un autre au point G de 1 m. 30 c.; comme on l'a déjà dit, toutes les cotes devront être placées à gauche de la ligne perpendiculaire. La ligne de niveau A F venant à se confondre dans le terrain au point I, elle ne peut servir à trouver le point N, qui est au-dessus; on sera donc obligé de transporter le niveau dans la pente N G, ce qui change de plan la ligne de niveau; mais comme toutes ces lignes sont toujours parallèles, il ne s'agit que de prendre la différence qu'il y a entr' elles, ce qui se fait en donnant un second coup de niveau au point G, qui est de 3 m. Retranchant la première cote 1 m. 30 c. de 3 m., on aura la différence 1 m. 70 c. qui est celle des deux lignes de niveau. Le dernier coup de niveau sur le point G s'appelle coup arrière; il se cote toujours à droite de la perpendiculaire, et ce, afin de ne pas les confondre avec les coups en avant. On donnera aussi un coup de niveau au point N de 1 m. 10 c., ce qui termine l'opération ; mais si ce nivellement était plus long, et qu'il fallût encore changer le niveau, on donnerait toujours un coup arrière sur le dernier point de la ligne précédente. Enfin, ce nivellement étant terminé, on ajoutera toutes les cotes à gauche ensemble, et toutes celles à droite aussi ensemble : on retranchera le plus petit nombre du plus grand ; la différence donnera la pente du premier au dernier point. Lorsqu'on dit qu'il faut ajouter ensemble les cotes à gauche et les cotes à droite, on ne doit entendre que celles qui sont à chaque point de changement de niveau.

Le rapport de cette opération se fait comme celui de la précédente figure ; seulement la ligne de niveau doit changer comme sur le terrain, et si l'on voulait se servir de la même ligne pour le rapport, il faudrait à chaque cote ajouter, par exemple, 6 m. dont on retrancherait à chaque changement la différence du niveau.

Dans un dessin de nivellement, le terrain

naturel doit être lavé en terre d'ombre, comme ou le voit à la figure 71; le terrain à déblayer en jaune, et celui à rester en rouge.

Dans les opérations que nous venons d'indiquer, nous n'avons point eu égard à la différence qui existe entre le niveau apparent et le niveau vrai. Nous avons supposé les espaces à niveler assez petits, pour que cette différence, presqu'insensible, puisse être négligée; c'est ce que l'on pourra faire toutes les fois que l'espace à niveler n'excédera pas 600 m. Mais s'il était d'une plus grande étendue, on tomberait dans des erreurs considérables, en ne tenant pas compte de cette différence; c'est pourquoi nous avons cru devoir joindre à ce Traité un tableau des différences du niveau vrai au niveau apparent calculées depuis 100 jusqu'à 4000 m.

Pour donner une idée du principe de cette différence, nous allons définir ce qu'on entend par niveau vrai et niveau apparent. Le niveau vrai peut être représenté par une circonférence, puisque tous les points de niveau sont également éloignés du centre de la terre. Le niveau apparent est, comme nous l'avons dit, une perpendiculaire à notre zénith, ou une tangente à la circonférence de la terre. Il suit donc de ces définitions que le niveau apparent s'écarte du niveau vrai comme une tangente s'éloigne de la circonférence.

Par rapport à la terre, une ligne de 200 m. dans le niveau apparent semblerait encore se confondre avec une ligne qui serait dans le niveau vrai; mais à des distances plus considérables elle différerait à peu près suivant le tableau ci-contre

TABLEAU

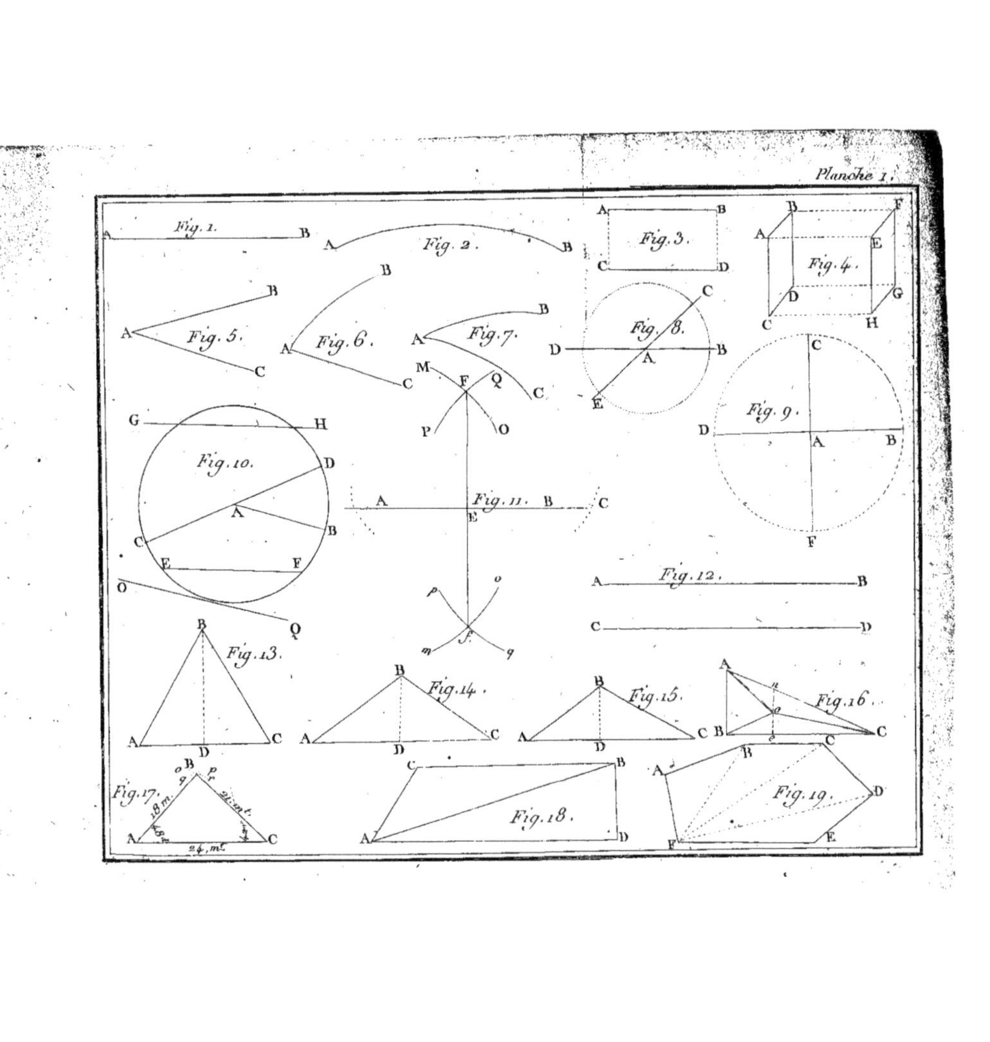
Planche 1.
Fig. 1.
Fig. 2.
Fig. 3.
Fig. 4.
Fig. 5.
Fig. 6.
Fig. 7.
Fig. 8.
Fig. 9.
Fig. 10.
Fig. 11.
Fig. 12.
Fig. 13.
Fig. 14.
Fig. 15.
Fig. 16.
Fig. 17.
18 m.
21 mt.
24 mt.
Fig. 18.
Fig. 19.

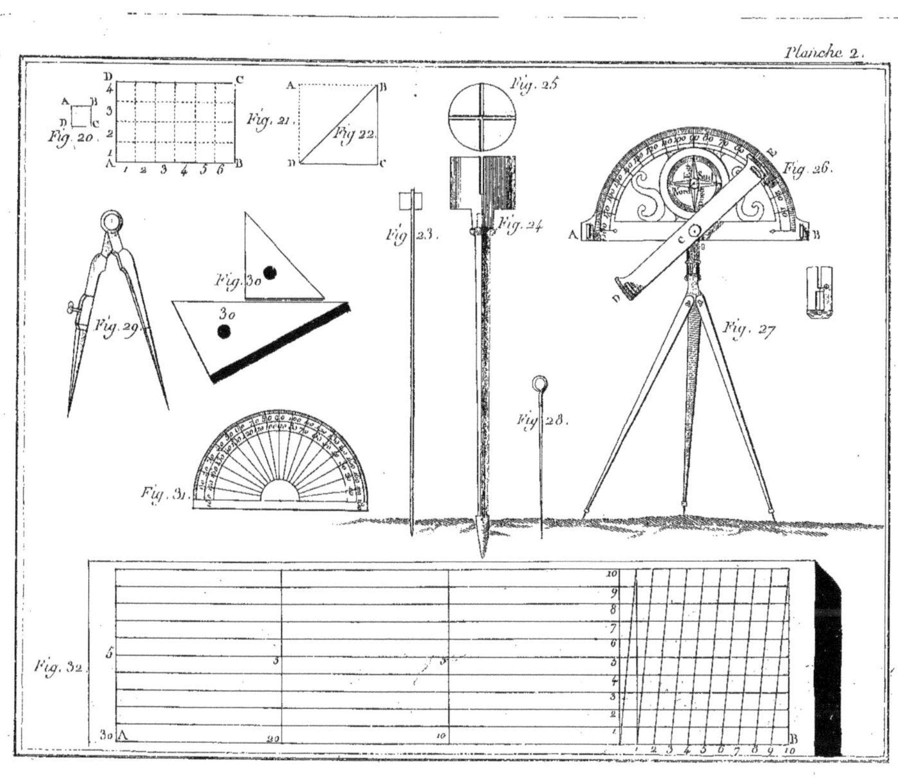
Planche 2.
Fig. 20.
Fig. 21.
Fig. 22.
Fig. 23.
Fig. 24.
Fig. 25
Fig. 26.
Fig. 27
Fig. 28.
Fig. 29
Fig. 30
Fig. 31.
Fig. 32.

Planche 3.

Nord
10 20 30 40 50 60 70
Ligne du nord
Fig. 33.
Fig. 35.
Fig. 34.
Fig. 36.
Fig. 37.

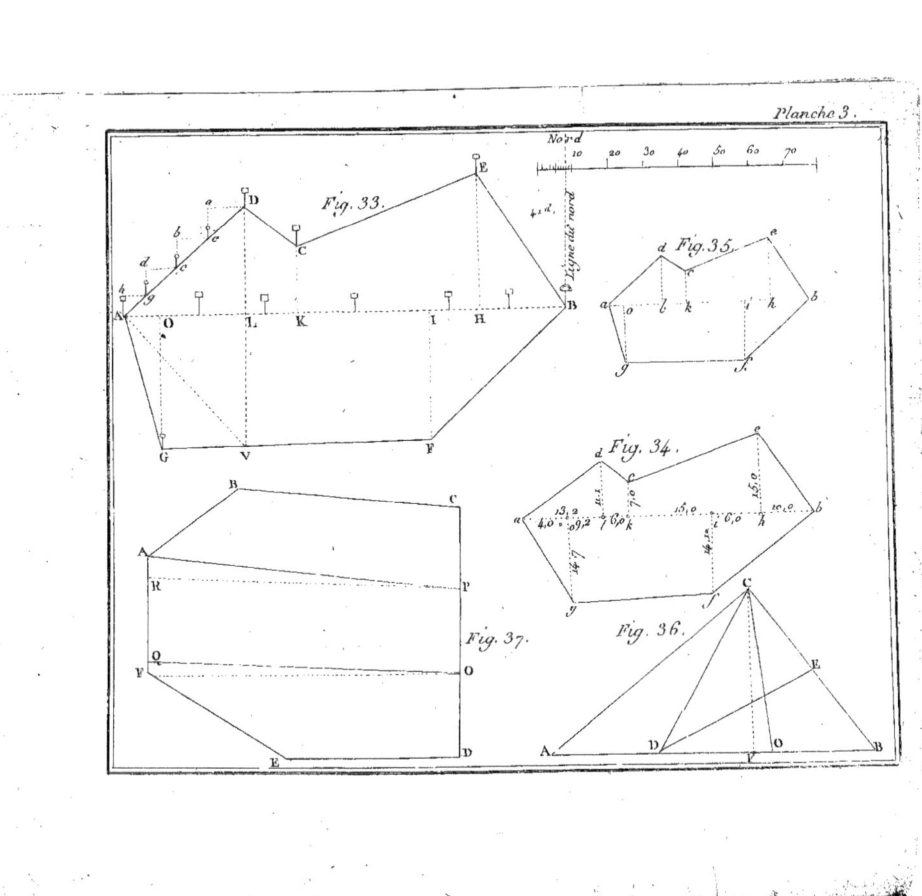

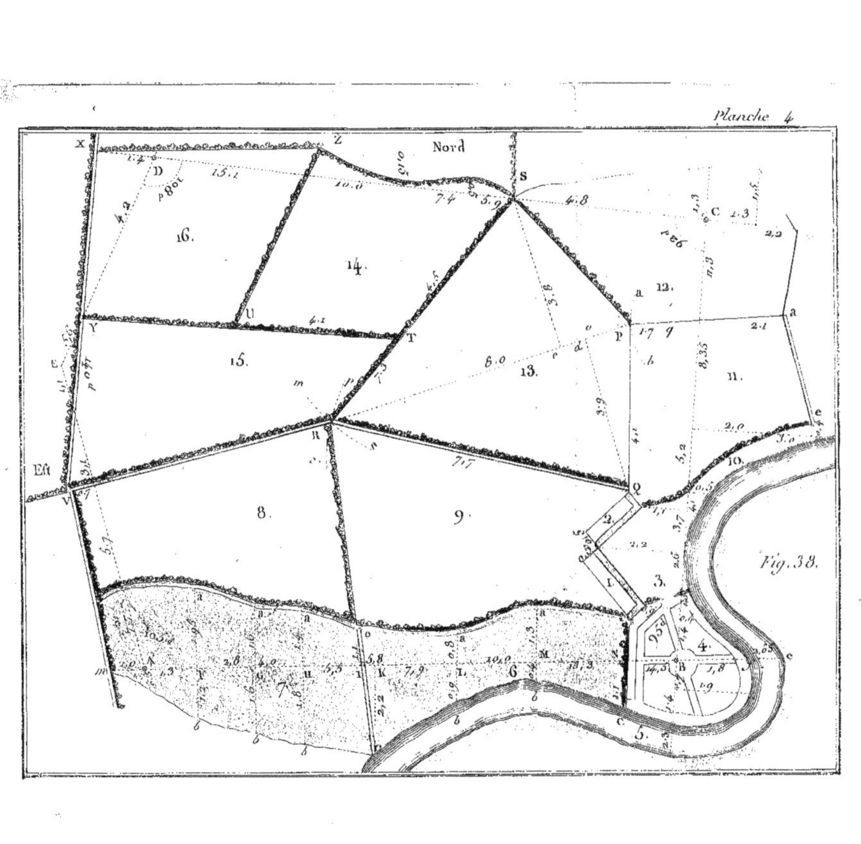
Nord
Est
Fig. 38.

Planche 5

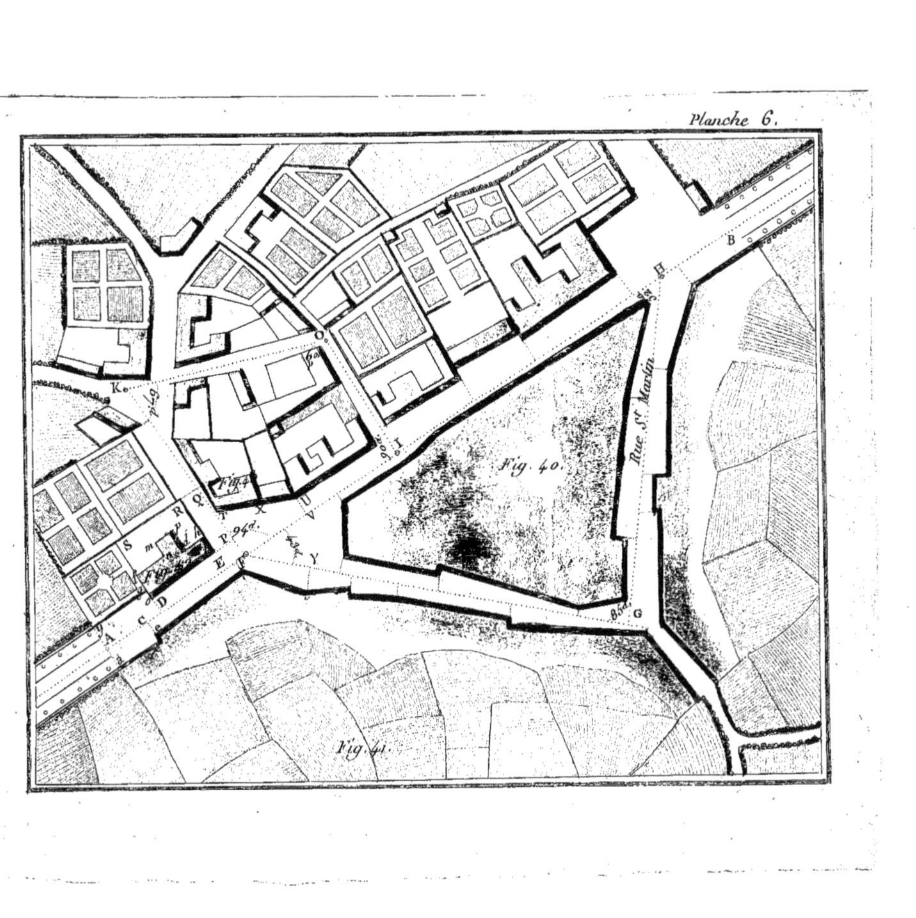
Planche 6.
Fig. 40.
Fig. 41.
Rue St Martin
A
B
C
D
E
F
G
H
I
K
O
P
Q
R
S
T
U
V
X
Y

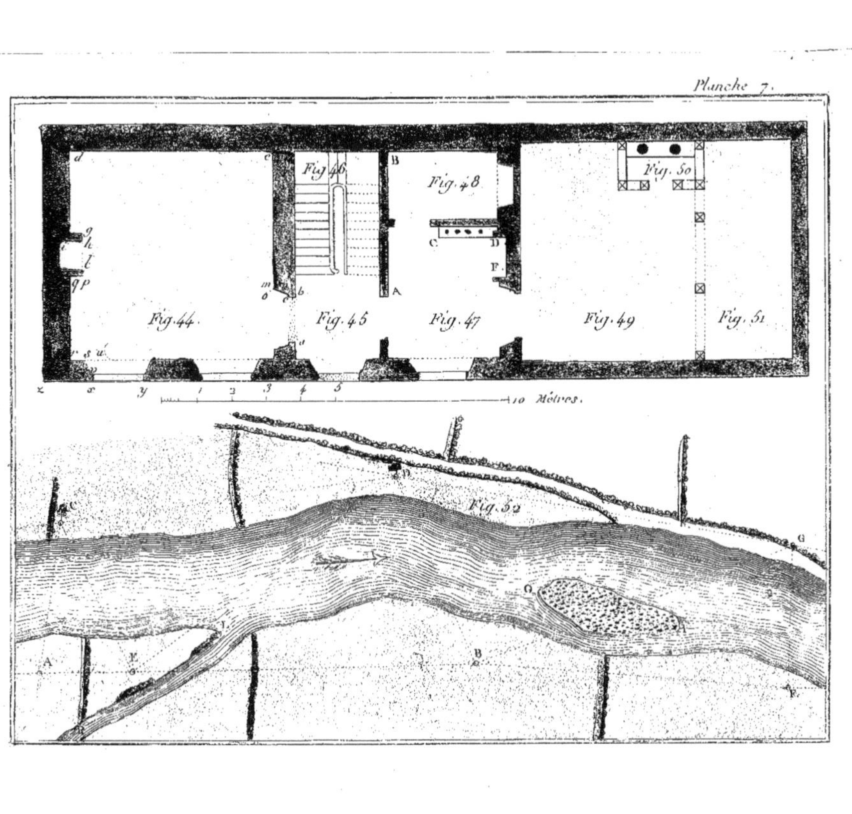
Planche 7.
Fig. 44.
Fig. 45
Fig. 46
Fig. 47
Fig. 48
Fig. 49
Fig. 50
Fig. 51
Fig. 52
10 Mètres.

Planche 8

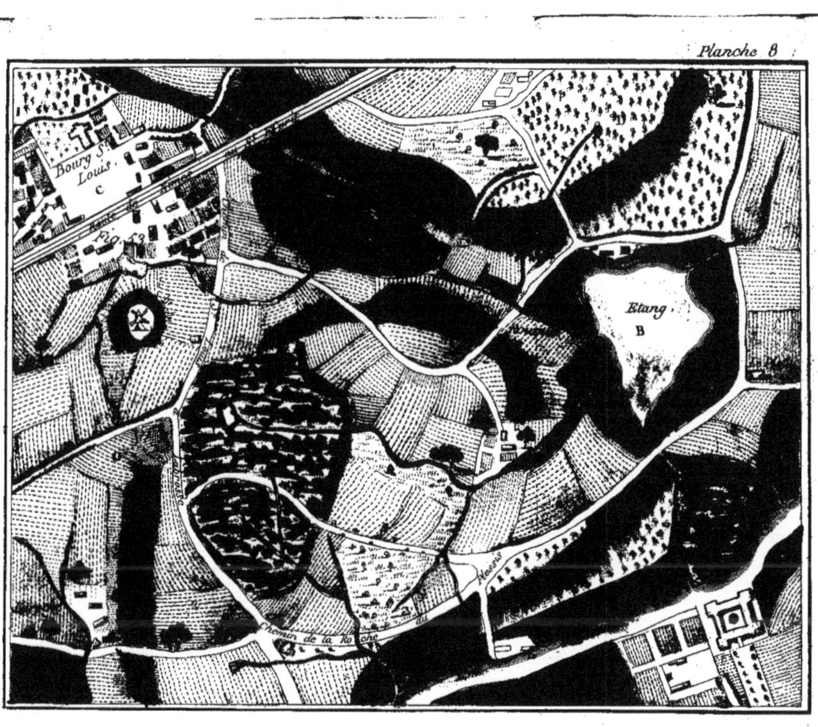

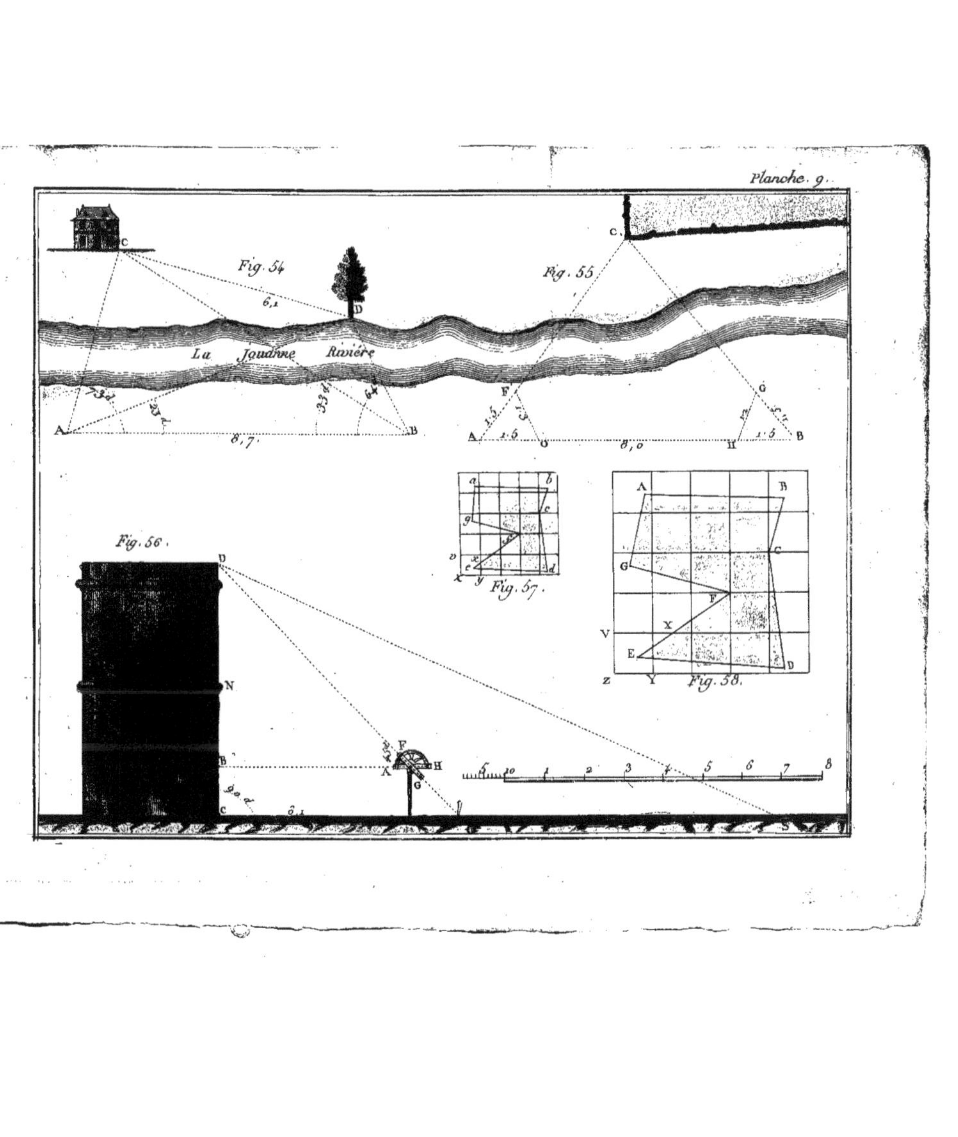
Fig. 54
La Joudnne Rivière
Fig. 55
Fig. 56
Fig. 57
Fig. 58

Planche 10.

P
S
O
Fig. 60
Fig. 59.
G
V
Fig. 69
Fig. 61
Fig. 62.
A
B
Fig. 68
Fig. 67
Fig. 65
Fig. 66
Fig. 63
Fig. 64

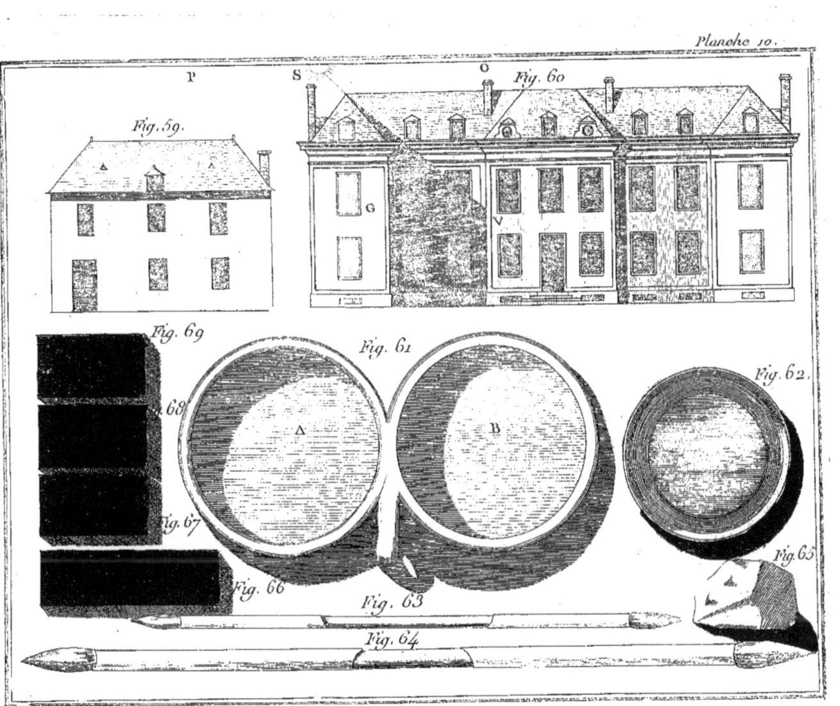

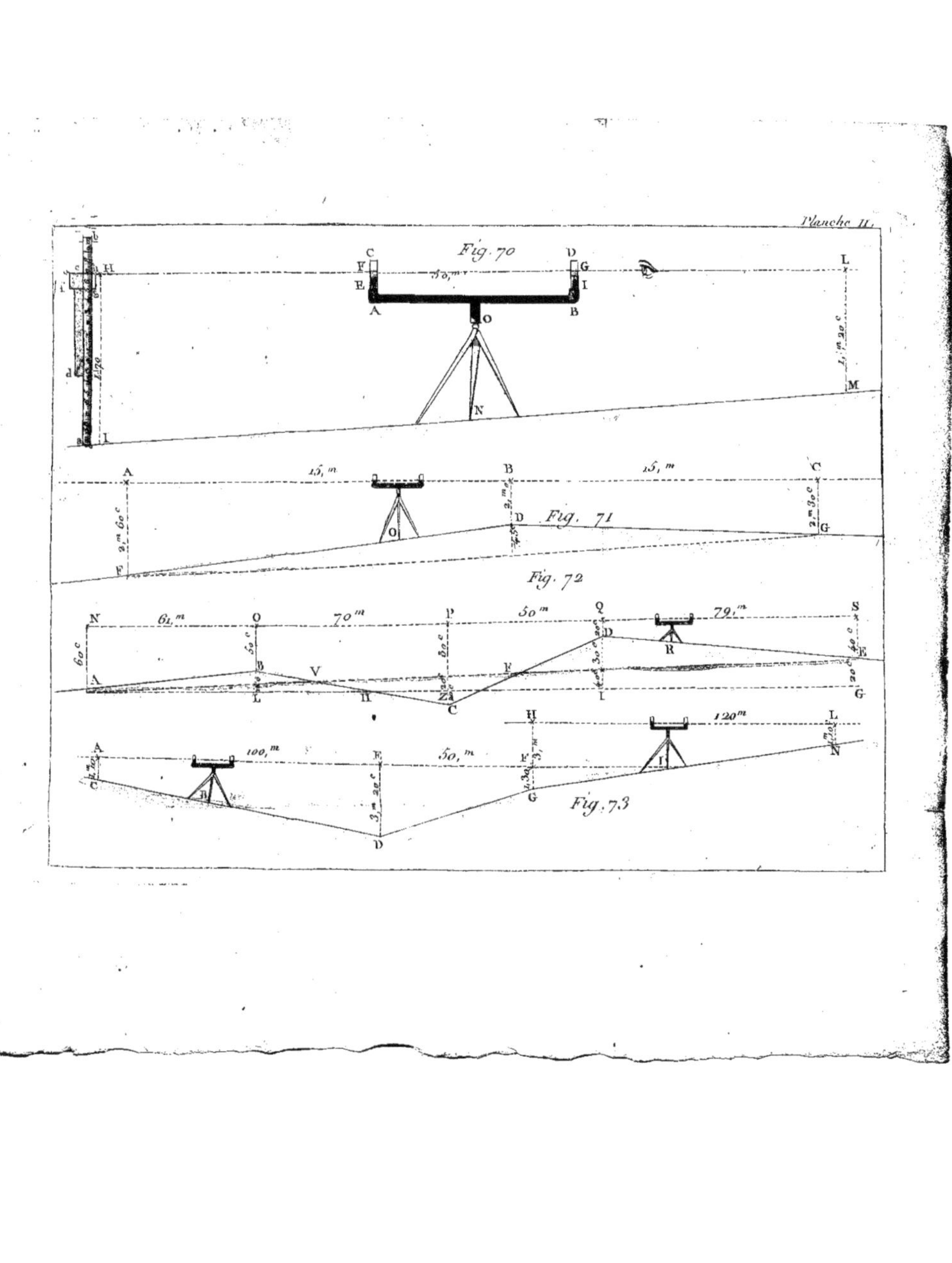

Planche II.
Fig. 70
Fig. 71
Fig. 72
Fig. 73
15,m
61,m
70m
50m
79,m
120m
100,m
50,m

TABLEAU

D'élévation du Niveau apparent au-dessus du Niveau vrai.

DISTANCES.	Décim.	centim.	millim.	10 m. m.
100 mèt. . .	. . 0.	. . 0.	. . 0.	. . 7.
200.	. . 0.	. . 0.	. . 3.	. . 1.
300.	. . 0.	. . 0.	. . 7.	. . 0.
400.	. . 0.	. . 1.	. . 2.	. . 5.
500.	. . 0.	. . 1.	. . 9.	. . 6.
600.	. . 0.	. . 2.	. . 8.	. . 2.
700.	. . 0.	. . 3.	. . 8.	. . 4.
800.	. . 0.	. . 5.	. . 0.	. . 2.
900.	. . 0.	. . 6.	. . 3.	. . 5.
1000 ou 1 kil. .	. . 0.	. . 7.	. . 8.	. . 4.
1100.	. . 0.	. . 9.	. . 4.	. . 9.
1200.	. . 1.	. . 1.	. . 3.	. . 0.
1300.	. . 1.	. . 3.	. . 2.	. . 6.
1400.	. . 1.	. . 5.	. . 3.	. . 8.
1500	. . 1.	. . 7.	. . 6.	. . 6.
1600	. . 2.	. . 0.	. . 0.	. . 9.
1700.	. . 2.	. . 2.	. . 6.	. . 8.
1800.	. . 2.	. . 5.	. . 4.	. . 3.
1900.	. . 2.	. . 8.	. . 3.	. . 3.
2000.	. . 3.	. . 1.	. . 3.	. . 9.
2500.	. . 4.	. . 9.	. . 0.	. . 5.
3000.	. . 7.	. . 0.	. . 6.	. . 4.
3500.	. . 9.	. . 6.	. . 1.	. . 5.
4000.	1 m.2.	. . 5.	. . 5.	. . 8.

On voit donc, d'après ce tableau, que, pour avoir un cours d'eau d'environ deux décimètres de pente par kilomètre, il faudra baisser au-dessous du niveau apparent de o m. 784 m. m[t]

Nous n'entrerons pas dans de plus longs détails sur l'art du nivellement. Les opérations plus compliquées exigent des connaissances mathématiques, autres que celles données dans cet ouvrage. Si l'on voulait approfondir cet art, il faudrait d'abord savoir toute la géométrie, et ensuite étudier l'art de niveler de M. Picard et le Traité du Nivellement par M. Lefebvre.

ABRÉGÉ
DU DESSIN
ET
DU LAVIS DES PLANS.

TROISIÈME PARTIE.

DES INSTRUMENS PROPRES AU LAVIS.

Pour laver un plan, il faut être muni de six à huit pinceaux de différentes grosseurs assemblés deux à deux, comme ceux (*fig.* 63 et 64) Les plus gros ne surpasseront pas ceux de la figure 64, et les plus petits ne seront pas moindres que ceux de la figure 63. Les pinceaux destinés au vert-d'eau ne doivent pas servir pour d'autres couleurs, à cause de la causticité du vert-de-gris qui ternit les couleurs; on doit aussi éviter de

3.....

les porter à la bouche, le vert-de-gris étant un poison.

On aura une demi-douzaine de petits godets, à peu près de la figure et grandeur de celui (*fig.* 62): ils servent à délayer les couleurs; ce qui se fait en frottant le bâton dans le godet avec quelques gouttes d'eau, jusqu'à ce que la couleur soit à la densité convenable. On doit avoir encore un double vase plein d'eau propre de la forme de celui (*fig.* 61): un des côtés A servira pour laver les pinceaux, et l'autre B pour éclaircir les teintes.

On se sert ordinairement de plumes de corbeaux ou de bouts-d'ailes pour mettre un plan à l'encre.

DES COULEURS.

Les couleurs dont on se sert pour laver un plan sont: *l'encre de la Chine* pour mettre le trait. La figure 66 marque la grandeur ordinaire d'un bâton de 3 francs. Lorsqu'elle est bonne, elle doit avoir un ton roussâtre.

Le carmin, ou la laque carminée, sert pour laver le plan des bâtimens et des murs. Le bâton (*fig.* 59) se vend 75 c.

Le bleu de Prusse (*fig.* 67) se vend le même prix ; on s'en sert pour laver le pavé et les toits.

Le bistre, ou brun rouge (*fig.* 68) se vend aussi 75 centimes. On s'en sert pour laver les fonds de terre et les côtes.

Le jaune, ou gomme-gutte. La plus belle se vend par morceaux informes, on en a un morceau pour 50 à 60 centimes ; elle sert à mettre les teintes du fond des bois.

Le vert-d'eau se vend liquide. Pour être beau, il doit approcher du bleu, comme celui de la figure 61, côté B. On ne peut guère en avoir pour moins d'un franc ; il sert à laver les ruisseaux, étangs et rivières.

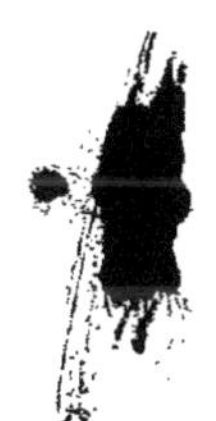

DU MÉLANGE DES COULEURS.

Le rouge et le jaune sont une couleur de bois pour laver tout ce qui est charpente ou menuiserie.

Le jaune et le bleu font un vert propre à planter les prés.

Le rouge et le bleu font un très beau violet.

Le vert-d'eau et la gomme-gutte font un vert gai; il sert pour les teintes de fond des prés, et lorsqu'il a été quelques jours à l'air, pour pocher les arbres.

Le noir et le bleu font un gris propre à laver tout ce qui est ardoise ou fer.

Le bleu et le vert-d'eau font une teinte propre à laver tout ce qui est de verre.

DE LA MISE A L'ENCRE.

Lorsqu'on a fait le rapport au crayon d'un plan quelconque, il faut mettre à l'encre de la Chine tous les côtés de chaque pièce de terre, et planter les haies de la même manière que celle du côté V R (*fig.* 58, *planche* 4).

Les bois seront plantés de même que les haies, mais par touffes comme celui G de la planche 5. Les bois-futaies pourront être plantés en élévation, comme celui H de la planche 5.

Les rivières se mettront à l'encre, comme celle n° 5, planche 4, et les ruisseaux tracés d'après une petite échelle par un seul trait, comme ceux de la planche 8.

Les arbres en plan se marquent par un petit rond, comme ceux de la route P Q, planche 5, et en élévation, comme ceux de la même planche qui sont sur le bord du ruisseau O O et du verger L.

Les chemins et les routes se mettent à l'encre de la Chine, comme celui P Q, planche 5.

Le plan des bâtimens se met à l'encre rouge, ainsi que les murs, comme il est indiqué à la planche 6; mais quand il est fait sur une grande échelle, pour avoir l'intérieur détaillé, il se met au trait à l'encre de la Chine, comme à la planche 7.

Dans un plan quelconque, tous les côtés opposés au jour doivent, après que le plan est lavé, avoir un trait de force, pour donner du relief à la figure, comme on le voit au bâtiment de la planche 7 et à la rivière; figure 52, même planche.

DU LAVIS.

Lorsqu'on aura mis un plan à l'encre, comme celui de la planche 4, il faudra le laver pour désigner, par les différentes couleurs adoptées, la nature du sol. Toutes les terres labourables et jardins se lavent avec une teinte pâle de bistre, comme aux numéros 4, 8, 11, 13, 14, 15 et 16 de la planche 4.

Les bois se lavent d'une teinte de fond jaune, avec un peu de vert-d'eau, comme le n° 9, même planche.

Les prés se lavent d'une teinte pâle de vert-gai, comme ceux des numéros 6 et 7.

Les landes, terres incultes et friches se lavent d'une teinte pâle de vert-d'eau avec un peu de jaune, comme au n° 12.

Les rivières se lavent au vert-d'eau, adouci vers le milieu, comme celle du n° 5 de la planche 4.

Les plans des bâtimens se lavent en rouge, comme ceux des n°s 1 et 2 de la planche 4.

Un

Un plan sur une petite échelle se lave ordinairement comme celui de la planche 5, quoique ce ne soit pas de rigueur. Les terres labourables se lavent avec une teinte pâle de bistre. On laboure ensuite par dessus, avec de la gomme-gutte, les champs ensemencés en froment ou en seigle, comme ceux marqués C, planche 5. Les autres pièces de terre ensemencées se labourent en vert, comme celle marquée D de la même planche. Les terres en repos se labourent au bistre, comme celles marquées B. Ce labour se fait avec le pinceau chargé d'une teinte un peu forte, et de manière à ce que les points qui représentent le dessus du sillon soient plus forts d'un bout que de l'autre. La ligne pleine, qui représente la raie séparant les deux sillons, doit aussi finir en mourant. On a ordinairement soin que les pièces de terre qui se touchent ne soient pas labourées dans le même sens.

Les vignes se lavent d'une teinte pâle de bistre, ensuite on y plante de petits échalas avec du bistre très épais, et autour de ces échalas, on met un peu de vert foncé, pour indiquer le cep de la vigne, comme on le voit à la pièce A, planche 5.

Après avoir lavé les prés avec une teinte pâle de vert gai, on les plante avec la plume, en vert foncé, comme il est indiqué à la pièce E, planche 5, ou avec de l'encre de la Chine pâle.

On lave les bois d'une teinte de jaune, on remplit ensuite les parties qui marquent le feuillage de vert gaï très épais, c'est ce qu'on appelle *pocher*. Les arbres et les haies doivent être aussi pochés, comme ceux de la planche 5 et 8, en observant de laisser vers la gauche d'où vient le jour, un peu de blanc, pour y mettre du jaune qui représente la lumière du soleil sur les arbres.

Les rivières et étangs, après avoir été lavés d'une teinte de fond, se dessinent au pinceau, avec du vert-d'eau très épais, de manière à imiter le fil de l'eau, comme on le voit à la planche 5, lettre

O, à la planche 7, figure 52, et à l'étang B, planche 8. On aura soin d'indiquer le cours de l'eau par une flèche dont la pointe suit le courant, comme celle de la figure 52.

Les jardins se lavent comme les terres labourables ; on laisse les allées en blanc, ainsi que les cours.

Le pavé d'une ville se lave d'une teinte de bleu pâle mêlée d'un peu d'encre de la Chine, comme on le voit aux rues de la planche 6.

L'épaisseur des murs, des bâtimens, tels que celui de la planche 7, se lave en rouge quand c'est un projet de bâtisse, en jaune quand c'est à démolir, et en noir si l'édifice doit rester tel qu'il est.

Les côtes se lavent avec une teinte de bistre adoucie vers le vallon, et mise à plusieurs reprises, comme on le voit à la côte S, planche 5.

Les rochers se lavent à l'encre de la Chine et au bleu, comme ceux marqués V, planche 8.

Les carrières se lavent avec du bistre et de

l'encre de la Chine, comme celle marquée O, planche 8.

Si l'on avait quelques façades de maison à laver, après les avoir mises à l'encre, comme celles (*fig.* 59 et 60), on les lavera d'une teinte de badigeon composée de jaune et de bistre. Les arrière-corps, comme celui marqué V, seront lavés d'une teinte pâle d'encre de la Chine, pour les éloigner par rapport à l'avant-corps G. La pente des toits se marque par une teinte d'encre de la Chine posée sur le sommet et adoucie vers les extrémités. On y ajoutera ensuite une teinte de bleu, si le bâtiment est couvert d'ardoises, ou une teinte de rouge, s'il est couvert en tuiles.

Pour marquer les points cardinaux d'un plan, on se sert d'une rose des vents, comme celle qui est à la planche 5 : elle se lave à l'encre de la Chine, ou en couleurs.

DES OMBRES.

Les ombres, dans un dessin quelconque,

sont généralement regardées comme produites par le soleil, à neuf heures du matin, ou à trois heures après-midi, c'est-à-dire à 45 degrés d'élévation au dessus de l'horizon. On suppose ordinairement que la lumière vient de la gauche, comme à la figure 60, planche 10, dont le point S peut être regardé comme le soleil, et la ligne SV comme son rayon qui est incliné, par rapport à la ligne PO horizontale, de 45 degrés.

Dans un plan tel que celui de la planche 4, il n'y a que les bâtimens qui soient susceptibles d'être ombrés comme les numéros 1 et 2. Dans le plan de la planche 5, tous les bois, arbres et haies doivent être ombrés à l'encre de la Chine et au bistre. A la planche 6, tous les bâtimens doivent être ombrés en rouge, comme il a été dit plus haut. Les massifs de maisons auront une teinte rouge sur les bords, adoucie vers le milieu comme à la figure 40. Les objets ronds, comme la tour (*fig.* 56), doivent être ombrés à l'encre de la Chine, de manière que le côté droit soit tout-à-fait privé de lumière, et que le point le plus éclairé soit au tiers vers la gauche, et le point le plus noir au tiers vers la droite. Les bâtimens, comme ceux de la planche 10, seront aussi ombrés à l'encre de la Chine; les croisées seront remplies de noir pâle, et la moitié qui se trouve du côté du jour, d'une ou deux teintes de plus. A la figure 60, l'avant-corps G, qui saille de la largeur de deux croisées, doit porter une ombre de cette même largeur sur l'arrière-corps, comme on le voit de G en V.

Comme la science des ombres est très étendue, on pourra, si l'on veut être plus amplement instruit, consulter le Traité de *Dupin l'aîné.*

RÉDUCTION DES PLANS.

Pour réduire ou augmenter un plan, on se sert ordinairement d'un pantographe. On trouve, avec cet instrument, une instruction qui indique la manière de s'en servir; mais, comme il est fort cher, et que tout le monde ne peut pas se le procurer, nous allons donner la manière de réduire sans le secours de cet instrument.

Soit, par exemple, le plan (*fig.* 58) à réduire au quart de sa superficie. On l'enveloppera d'abord dans un carré parfait, que l'on subdivisera en autant de plus petits carrés que l'on voudra mettre d'exactitude dans la réduction. On formera un autre carré (*fig.* 57) ayant en superficie le quart du précédent. On divisera ce second carré en autant de petits carrés qu'on aura formé dans le premier : on marquera ensuite, dans chacun de ces petits carrés correspondans à ceux du premier carré, les points *a*, *b*, *c*, etc., à une distance des côtés de leurs carrés respectifs, égale à la moitié de celle existante entre les points ABC, etc. et les côtés de leurs carrés ; c'est-à-dire que, dans le petit carré *vxyz*, la distance du point *e* au côté *xy*, sera la moitié de celle du point E au côté XY, dans le carré VXYZ. Enfin, par les points *abc*, etc., ainsi déterminés, on mènera les lignes *ab*, *bc*, etc., et on aura le plan *abcd*, etc. (*fig.* 57), semblable au plan ABC, etc. (*fig.* 58), mais quatre fois plus petit en superficie. Si, au contraire, il s'agissait d'augmenter la figure 57 de quatre fois sa supeficie, on ferait la même opération d'une manière inverse.

POUR COPIER UN PLAN.

La meilleure manière de copier un plan et la plus expéditive, est de le piquer. On placera d'abord une feuille de papier, ou des feuilles, si l'on veut avoir plusieurs copies, sous le plan à copier, qu'on fixera avec des épingles aux quatre coins. Ensuite on piquera avec une aiguille, dont on enfoncera la tête dans un morceau de cire à cacheter, pour qu'elle ne blesse pas les doigts, tous les angles et toutes les sinuosités de chaque partie du plan, en ayant soin de tenir l'aiguille bien perpendiculaire, à l'aide des points qui seront marqués sur la feuille blanche, et dont on cherchera d'abord les plus remarquables ; on tracera le plan tel qu'il sera sur l'original. Si l'un des points était perdu ou oublié, il faudrait le déterminer par l'intersection de deux arcs décrits de deux points connus.

DE LA COLLE A BOUCHE.

On se sert ordinairement de colle à bouche pour réunir ensemble deux ou plusieurs feuilles de papier, selon la grandeur du plan. Il faut avoir soin de bien préparer les deux bords qui doivent être collés ensemble ; à cet effet, on les coupe, avec la pointe d'un canif, de la moitié de l'épaisseur du papier, et à environ trois millimètres du bord ; ensuite on déchire ces bords, l'un en dessous, l'autre en dessus, et on les colle ensemble, en recouvrement d'environ cinq millimètres. La colle, pour être employée, doit être humectée avec la salive jusqu'à ce qu'elle soit gluante ; alors on frotte le bord de la feuille de papier qui est au-dessus, sur une longueur d'environ cinq centimètres on couvre cette petite partie d'un morceau de papier propre, et l'on frotte la partie collée fortement avec l'ongle.

DU PAPIER A LAVER.

Le papier le plus propre au lavis en général, est celui qui a le plus de corps; celui de Hollande l'emporte sur tous les autres. Plus il est vieux et meilleur il est. On doit le préférer d'un blanc de lait.

ABRÉGÉ

DE

LA TRIGONOMÉTRIE RECTILIGNE.

QUATRIEME PARTIE.

La trigonométrie est l'art de mesurer un angle ou un côté d'un triangle rectiligne, lorsque, des six choses qui composent ce triangle (angles et côtés), l'on en connaît trois, excepté lorsqu'on ne connaît que les trois angles.

Ainsi, pour trouver un côté, il faut, outre les angles, connaître l'un des deux autres côtés, ou bien connaître les deux autres côtés et un angle; et pour trouver un angle, il faut connaître les trois côtés, ou seulement deux côtés et un angle.

On se sert, pour calculer les angles et les lignes, de tables destinées à cet usage, qu'on appelle *Tables de sinus.* Celles des logarithmes pour les sinus et tangentes de toutes les minutes du quart de cercle, et pour tous les nombres naturels depuis 1 jusqu'à 20000, par l'abbé Marie, petit format, sont les plus commodes pour les arpenteurs; on y trouve une exposition abrégée de l'usage de ces Tables, et de la manière de s'en servir.

Définitions.

On appelle *cordes* à l'égard d'un arc, la ligne droite qui joint les deux extrémités de cet arc. Ainsi, l'on voit que la corde de l'arc A D B, et de l'arc A G B (*fig.* 74) est la droite A B: d'où il suit qu'une corde appartient à deux arcs, qui, pris ensemble, font la circonférence ou 360 degrés.

La corde A E, à l'égard de la corde A B, s'appelle *corde de complément*.

On appelle *sinus*, à l'égard d'un arc ou d'un angle que cet arc mesure, la moitié de la corde d'un arc double, c'est-à-dire que le sinus de l'arc A D, dont le centre est C, ou de son angle A C D, est A F moitié de la corde A B de l'arc double A D B; la même ligne A F est aussi le sinus de l'arc A E G moitié de l'arc double A G B. D'où l'on voit qu'un sinus appartient à deux arcs ou à deux angles, qui, pris ensemble, valent 180 degrés : il en est de même de la tangente et de la sécante dont la définition suit.

Si par l'extrémité B du diamètre E B, on tire la perpendiculaire B H, terminée en H par la ligne C H, qui n'est autre chose que le rayon C L prolongé, on aura la ligne B H qui touche le cercle en B, qu'on appelle *tangente* à l'égard de l'arc correspondant L B, et la ligne C H qui coupe la circonférence au point L, se nomme *sécante* du même arc.

Il y a aussi le sinus du complément d'un arc

ou de son angle, ainsi que la tangente et la sécante du complément, parce que, pour complément à l'égard d'un arc ou d'un angle, on entend le reste de cet arc ou de cet angle à 90 degrés, quand il est moindre qu'un quart de cercle, ou de quoi il surpasse 90 degrés, quand il est plus grand qu'un quart de cercle. Ainsi, l'on voit que l'arc L K est le complément de l'arc L B, qui est moindre que le quart de cercle B K de tout l'arc L K, et que le même arc L K est aussi complément de l'arc E L, qui surpasse le quart de cercle E K de tout l'arc L K.

Le sinus du quart de cercle E K se nomme *rayon*, parce qu'il lui est égal; on l'appelle aussi *sinus total*, parce qu'il est le plus grand de tous. C'est de ce sinus total que dépend la quantité des autres sinus, des tangentes et des sécantes; et c'est à cause de cela qu'on a divisé ce sinus en 10,000,000 de parties égales, d'après lesquelles on a supputé la quantité des sinus, des tangentes et des sécantes de tous les degrés du quart de cercle, de minute en minute, dont on a fait les tables qui servent à la résolution des triangles rectilignes.

DE LA RÉSOLUTION DES TRIANGLES OBLIQUANGLES.

La résolution des triangles obliquangles dépend de trois théorèmes principaux, dont le premier est, que les côtés et les sinus de leurs angles opposés sont proportionnels.

Le second, que la somme des deux côtés est à leur différence, comme la tangente de la moitié de la somme des deux angles opposés à ces deux côtés est à la tangente de la moitié de la différence des deux mêmes angles.

Le troisième, que, si l'on prend le plus grand côté pour base, afin que la perpendiculaire qu'on tirera, sur cette base, de son angle opposé, tombe en dedans, il y aura même raison de cette base à la somme des deux segmens de la base, faits par la perpendiculaire.

PROBLÈME I.

Connaissant deux côtés et un angle opposé à l'un des deux, trouver l'angle opposé à l'autre.

Le côté A C (*fig.* 75) étant de 860 mètres, le côté A B de 550 mètres et l'angle B de 81°, 15′, on aura l'angle C par cette proportion A C : sinus 81°, 15′, : : A B : sinus C, et en opérant par logarithmes, on trouvera le quatrième terme de cette proportion de la sorte, le logarithme de A C 860 mèt. = 2.934498 est au logarithme du sinus de 81 degrés 15 minutes, qui est 9.994916, comme le logarithme de A B ou 550 = 2.740363 est au logarithme du sinus de l'angle C qui est 9.800781, lequel logarithme répond dans les tables à 39°, 12′. Si l'angle C était obtus, on retrancherait 39°, 12′ de 180 degrés, le reste 140° 48′ serait la mesure de cet angle. Il y a deux manières de faire ces opérations par logarithme; la première en ajoutant les

les deux moyens et retranchant de la somme l'extrême connu, le reste est le logarithme du quatrième terme. Exemple :

2.934498 : 9.994916 : : 2.740363 : x = 9.800781.

9.994916
12.735279
2.934498
9.800781

La seconde manière se fait par l'addition des deux moyens avec le complément arithmétique du premier terme. Le complément arithmétique d'un nombre se prend en retranchant de 9 chacun des chiffres de ce nombre, excepté le dernier sur la droite, qu'on retranche de dix. Ainsi le complément arithmétique d'un nombre peut se prendre à l'inspection de ses chiffres, sans aucune opération.

Les complémens arithmétiques servent à changer les soustractions en additions. Si de 340 je veux retrancher 139, je puis à cette opération substituer l'addition de 340 avec 861 qui est le complément arithmétique de 139; alors il ne s'agit plus que d'ôter une unité au premier chiffre à gauche de la somme; on ôterait deux unités, si l'on avait ajouté deux complémens. Dans ce cas-ci la somme est 1201, de laquelle supprimant une unité au premier chiffre, il reste 201, qui est précisément ce que l'on aurait eu, si de 340 on avait retranché 139. Exemple pour l'opération précédente :

$$2.934498 : 9.994916 :: 2.740363 : x = 9.800781.$$

$$\begin{array}{r} 9.994916 \\ 7.065562 \\ \hline 19.800781 \end{array}$$

En supprimant une unité au premier chiffre, on aura, comme par la première opération, 9.800781.

Si le quatrième terme de la proportion est un côté, il faudra chercher dans la table des nombres naturels, le nombre qui répond au logarithme de ce quatrième terme, ce sera la longueur du côté cherché; mais si le quatrième terme est un angle, il faudra chercher dans la table des sinus le nombre des degrés et minutes qui répond à ce logarithme. Nous ne donnerons que les résultats des opérations, la marche étant partout la même.

PROBLÈME II.

Connaissant les angles et un côté, trouver celui qu'on voudra des deux autres côtés.

Les angles étant connus et le côté A C (*fig.* 76), faites cette proportion, sinus B : A C : : sinus A : B C, et par logarithmes comme il suit :

$$9.994916 : 2.934498 :: 9.935543 : x = 2.875125$$
ou 750^{m} 2.

PROBLÈME III.

Connaissant deux côtés et l'angle compris, trouver un des deux angles inconnus.

Si le côté A C (*fig.* 77) est de 70 mètres, le côté A B de 40 mètres et l'angle A qu'ils comprennent de 16 degrés, on trouvera la somme des deux autres angles inconnus B et C, en retranchant 16° de 180°. On ajoutera ensemble les deux côtés connus A B et A C pour avoir leur somme 110 mètres; on retranchera le plus petit du plus grand pour avoir leur différence 30 mèt.; et l'on établira cette proportion : la somme des deux côtés connus A B et A C est à leur différence, comme la tangente de la moitié de la somme des deux angles inconnus B et C est à la tangente de la moitié de la différence des deux mêmes angles, en opérant par logarithmes comme il suit :

2 041393 : 1.477121 : : 0.852197 : x = 0,287925
ou 62°, 44'.

laquelle somme différence 62°, 44' il faut ajouter à la moitié de la somme des deux angles inconnus pour avoir le plus grand angle 144° 44', et retrancher de la même somme pour avoir le plus petit angle 19° 16'.

PROBLÈME IV.

Connaissant les trois côtés d'un triangle, trouver les angles.

De la moitié de la somme des trois côtés, retranchez successivement chacun des deux côtés qui comprennent l'angle cherché, ce qui vous donnera deux restes.

Faites ensuite cette proportion : le produit des deux côtés qui comprennent l'angle cherché est au produit des deux restes, comme le carré du rayon est au carré du sinus de la moitié de l'angle cherché ; ce qui, en employant les logarithmes, se réduit à cette règle.

Au double du logarithme du rayon, ajoutez les logarithmes des deux restes, et du tout retranchez la somme des logarithmes des deux côtés qui comprennent l'angle cherché ; ce qui restera sera le logarithme du carré du sinus de la moitié de l'angle cherché. Prenez la moitié de ce reste, ce sera le logarithme de ce sinus, que vous chercherez dans les tables ; ayant alors la moitié de l'angle, il n'y aura plus qu'à doubler cette moitié.

Exemple : ajoutez les trois côtés du triangle A B C (*fig.* 78), et de la moitié de leur somme 108^{m} retranchez successivement 75^{m} et 86^{m}, côtés de l'angle C, que l'on veut connaître, vous aurez 33^{m} et 22^{m} pour restes, dont les logarithmes 1. 518514 et 1.342423, étant ajouté à 20.000000 double du rayon, ou aura 22.860937, duquel retranchant la somme 3.809559 des logarithmes 1.875061 et 1.934498 des côtés 75 et 86, il restera 19.051378, dont la moitié 9.525689 est le logarithme du sinus de la moitié de l'angle C, on trouvera dans les tables que cette moitié est 19°.36, dont le double est de 39°.12,′ pour l'angle C. (*Voyez* la démonstration algébrique dans Bezout.)

PROBLÈME V.

Pour trouver la perpendiculaire d'un triangle obtusangle.

Il faut faire la proportion suivante : Sinus total est à un des côtés, comme l'angle compris entre ce côté et le côté sur lequel on suppose que tombe la perpendiculaire est à cette perpendiculaire. Exemple : soit la perpendiculaire BD (*fig.* 79) dont on veut connaître la longueur.

Sinus D ou total : B C : : sinus C : B D, et par logarithmes, comme il suit :

10.000000 : 1.875061 : : 9.800737 : x = 1.675798
ou 47.4 mètres.

Si l'on veut déterminer le point où elle tombe sur la ligne A C, on fera cette proportion.

Le côté sur lequel, ou sur le prolongement duquel tombe la perpendiculaire, est à la somme des deux autres côtés, comme la différence de ces mêmes côtés est à la différence des segmens faits par la perpendiculaire, ou à leur somme, selon que la perpendiculaire tombe en dedans ou en dehors du triangle. Exemple : AC : AB + BC : : B C — B A : D C — D A, et par logarithmes :

1.934498 : 2.113943 : : 1.301030 : x = 1.480475
ou 30^{m}, 33^{c}.

Lesquels 30^{m} 33^{c} il faut ajouter à la base A C de 86^{m}, pour avoir 116^{m} 23^{c} : dont moitié 58'' donne la longueur du plus grand segment D C; ce qui détermine le point D, et fait connaître la longueur des segmens D A et D C.

PROBLÈME VI.

Pour avoir la superficie d'un triangle dont on connaît les trois côtés seulement.

Soit le triangle A C B (*fig.* 80) dont on connaît les trois côtés; prenez la moitié de leur somme, qui est 12^m; retranchez-en successivement chaque côté, vous aurez les trois restes 6, 4 et 2, qui, étant multipliés l'un par l'autre, donnent pour produit 48; multipliez ce nombre par la moitié de la somme des trois côtés; ce qui donnera 576, dont la racine carrée 24 mètres est la superficie du triangle A C B. Cette méthode est de la plus grande précision. (*Voyez* la démonstration algébrique dans l'abbé Marie.)

DES TRIANGLES RECTANGLES.

La résolution des triangles rectangles dépend du théorème suivant: Le carré du plus grand côté, qui est opposé à l'angle droit, et qu'on nomme *hypothénuse,* est égal à la somme des carrés des deux autres côtés.

Pour simplifier, nous ramènerons tous les autres cas de la résolution des triangles rectangles au même principe que pour la résolution des triangles obliquangles.

PROBLÈME VII.

Connaissant les deux côtés de l'angle droit, trouver l'hypothénuse.

Le côté A B (*fig.* 80) étant de 6^m, et le côté B C de 8^m, on aura pour produit du carré du premier 36^m et 64 pour le second; si l'on extrait la racine carrée de leur somme 100, on aura 10, qui est la longueur de l'hypothénuse.

PROBLÈME VIII.

Connaissant l'hypothénuse et un côté, trouver l'autre côté.

L'hypothénuse A C (*fig.* 81) étant de 10^m et le côté B C de 8^m, on retranchera le carré 64^m du côté connu, du carré 100^m, de l'hypothénuse; et la racine carré du reste 36 sera le côté A B de six mètres.

PROBLÈME IX.

Connaissant l'hypothénuse et un côté, trouver les angles aigus.

On pourra résoudre ce problème par la méthode donnée par le premier des triangles obtusangles, en établissant la proportion ainsi : l'hypothénuse est au sinus total, comme le côté connu est au sinus de l'angle qui lui est opposé.

PROBLÈME X.

Connaissant les angles et un côté, trouver les autres côtés.

On résoudra ce problème comme le 2e des triangles obtusangles, en établissant la proportion ainsi : le sinus de l'angle opposé au côté connu est à ce même côté, comme le sinus d'un des autres angles est au côté qui lui est opposé.

PROBLÈME XI.

Connaissant les deux côtés de l'angle droit, trouver les angles aigus.

On résoudra ce problème en cherchant l'hypothénuse comme au problème VII, et en établissant la proportion ainsi : l'hypothénuse est au sinus total, comme un des côtés connus est à l'angle qui lui est opposé.

PROBLÈME XII.

Pour faire une ouverture d'angle par les sinus des angles.

Cette opération repose sur le principe, que le sinus d'un angle est la moitié de la corde d'un arc double : ainsi, pour avoir la corde d'un arc ou de son angle, il faut prendre le sinus de la moitié de cet angle, et doubler le nombre qui lui correspond dans les tables. Exemple : soit la ligne AC (*fig.* 76) de l'extrémité de laquelle on veut faire une ouverture d'angle de

39° 12′, il faut, avec un rayon pris sur l'échelle du plan que l'on rapporte, ou arbitraire, si l'opération est isolée, de 10^{m}, 100^{m}, ou 1000^{m}, décrire un arc de cercle indéfini, et prendre dans les tables le sinus des 19° 36′, moitié de l'angle que l'on veut tracer; on trouvera 9.525630, dont il faut retrancher 9, 8 ou 7 de la caractéristique 9, suivant que l'arc aura été décrit avec un rayon de 10^{m}, 100^{m}, ou 1000^{m}, et chercher le nombre naturel qui correspond à ce reste : on aura 335^{m} 50^{c} pour longueur du sinus de l'angle 19° 36′ dont le double 671^{m} est la corde de l'angle 39° 12′.

APPLICATION DES PRINCIPES DE LA TRIGONOMÉTRIE.

Tous les cas que les opérations trigonométriques peuvent présenter sur le terrain ayant été démontrés séparément, nous allons donner une application générale, dans laquelle on verra la manière de travailler sur le terrain, pour lever le plan d'une étendue un peu considérable.

Si l'on avait à lever le plan d'une commune ou de plusieurs réunies, on observerait d'abord l'ensemble du terrain, afin d'en reconnaître les principaux points; on choisira le lieu le plus commode pour tracer la base la plus longue possible, de sorte que de ses extrémités on puisse voir le clocher et le plus grand nombre de points remarquables de cette commune. On tâchera, autant que possible, de prendre cette base sur un terrain de niveau, autrement on aura grand soin, en le mesurant, de tenir la chaîne bien horizontale; il est bon aussi de la mesurer plusieurs fois; de la justesse de cette base dépend celle de toute l'opération.

Ayant, par exemple, reconnu que la base AB (*fig.* 82) est celle qui convient, par les raisons que nous avons données, on fera planter une ligne de jalons dans la direction de cette ligne, et, étant placé au point B, on observera l'angle que fait la base avec le clocher C, celui de la base avec le point F, celui de la base avec le point I ; lesquels points sont ou des objets apparens, tels que cheminées, arbres, croix ou signaux placés pour la facilité de l'opération ; on observera aussi du point A les angles formés par la base et le point F, par la base et le point C, par la base et le point I. Les points F, C, I, ayant été pris des deux extrémités de la base, on aura les triangles BAF, BAC et BAI, dont on connaît un côté et deux angles ; en concluant le troisième, on aura les côtés inconnus par le deuxième problème.

Connaissant le côté AC, on pourra déterminer le point G, que l'on suppose n'être pas visible du point B, en observant l'angle GAC et l'angle CGA ou GCA (2e problème). Le côté AG étant connu, il servira de base pour déterminer le point H, par le même principe que le précédent.

Ayant encore à déterminer les points E, D et R dont plusieurs ne peuvent être visibles du point A, à cause de leur position presque dans le prolongement de la base, et dont la construction serait vicieuse, les angles étant ou trop aigus ou trop obtus, on formera une autre base telle que E D, que l'on rattachera à la première, soit directement, soit sur des points déjà déterminés par le calcul. Dans cet exemple, on suppose que l'angle F B E a été pris, ainsi que l'angle F E B; le côté B E étant connu, on aura les côtés du triangle B E F par le 2e problème.

Ne pouvant observer le point D du point B, et réciproquement du point D ne voyant pas le point B, on aura le côté B D par la résolution du 3e problème, l'angle B E D, compris entre la base E D et le côté E B qui est connu, ayant été observés.

En supposant toujours que le point B ne soit pas visible du point D, la ligne B D étant connue, on aura le point R en observant l'angle formé par la base E D et le point R; retranchant l'angle B D E trouvé par le calcul, de l'angle R D E, on aura l'angle B D R. On observera aussi l'angle B R D, et l'on aura ce qui est nécessaire pour déterminer les angles et les côtés du triangle B R D (2ᵉ problème).

Toutes les fois qu'on pourra observer le troisième angle d'un triangle, il ne faudra pas le négliger, l'angle conclu n'étant pas toujours certain; d'ailleurs cela sert de preuve et assure l'exactitude des deux autres angles.

Il est encore d'autres moyens de vérification, qu'il est bon d'employer; par exemple de lier par une double opération les extrémités des triangles, telles que le point C et le point F, en observant l'angle C F B et C B F, qui donnent, en prenant alternativement les côtés connus, le moyen de vérifier les côtés et les angles déjà calculés.

Il faut aussi ajouter ensemble tous les angles de l'extrémité d'une base, et s'assurer si leur somme fait 360°, ce qui dans le cas contraire, prouverait que ces angles n'ont pas été bien observés, ou que l'instrument est mauvais.

Pour tracer la méridienne d'un plan.

D'une des extrémités de la base, du point A par exemple, on observera avec la boussole l'angle que fait la base avec la ligne nord, qui est ici de 73 degrés, déduction faite de 22 pour la déclinaison de l'aiguille. La base étant tracée sur le plan, on fera une ouverture d'angle au point A, par le moyen d'un problème 12, qui donne 73 degrés; cette ligne sera le méridien de l'extrémité A de la base A B. La perpendiculaire passant par le même point A se trace par la méthode ordinaire.

Pour calculer la distance d'une Méridienne et de sa perpendiculaire à la Méridienne et à la perpendiculaire d'un lieu quelconque.

S'il s'agissait de connaître la distance de la méridienne qui passe par le point A à celle qui passe par le point O, que l'on peut considérer comme l'observatoire de Paris, ou un lieu dont la distance entre les méridiennes et les perpen-

4....

diculaires de Paris soit connues, on observerait les deux angles formés par la base A B et.le rayon visuel A O, l'angle formé par la base B A et le rayon visuel B O, et l'on déterminerait les côtés A O et B O par la méthode du 2ᵉ problème. L'angle O A B ayant été observé de 84°, on en retranchera les 73° formés par la base et la ligne nord, le reste 11° sera l'angle O A P, d'après quoi on pourra établir cette proportion: le sinus total est à l'hypothénuse 110ᵐ, comme le sinus de 11° est à O P, distance entre les deux méridiennes O et A. La distance entre les deux perpendiculaires se trouve par la proportion suivante: sinus total est à A O = 110ᵐ comme sinus O = 79° est à A P, distance entre les deux perpendiculaires O et A.

LEVÉE DU DÉTAIL.

La trigonométrie ayant été bien fixée sur le plan, on commencera la levée du détail, soit que l'on veuille un plan topographique, soit pour avoir le détail des différentes natures de culture, ou enfin celui des propriétés particulières.

Le détail peut être levé avec le graphomètre, avec la planchette, avec l'équerre ou avec la boussole. Cette dernière méthode nous a paru, d'après l'expérience, la plus commode et la plus expéditive. Il existe six manières de lever à la boussole et de rapporter avec cet instrument; nous nous fixerons à la plus simple. On aura soin de n'avoir pas de fer dans le lieu où l'on rapporte, et d'être au moins à deux mèt. des portes et croisées, qui en ont toujours quelques morceaux.

Pour la méthode que nous allons donner, la boussole doit être divisée de 1 à 360 degrés, et le diamètre de l'aiguille au moins de 10 à 12 centimètres.

Pour lever le chemin E R, par exemple, on placera la boussole au point R, on dirigera l'alidade sur l'angle du chemin *a*, où l'on aurait fait planter un jalon, et l'aiguille étant arrêtée, on écrira sur le brouillon figuré le degré qu'indique l'aiguille du nord; cette cote se place à droite et en travers, afin de ne plus la confondre avec la distance qui s'écrit en long entre les points R et *a*.

Cette distance doit être mesurée avec soin; on transportera la boussole au point *a*, et l'on dirigera l'alidade sur le point *b*, on cotera comme ci-dessus le degré qu'indique l'aiguille du nord, et la distance du point *a* au point *b*. On opérera de même à toutes les sinuosités de ce chemin, jusqu'au point E; on aura soin, en le parcourant, de lever les autres détails qui pourraient se rencontrer, tels que maison, jardin, prés, etc. Si d'autres chemins venaient s'embrancher dans celui qu'on lève, on laisserait en face un point de repaire pour servir de point de départ, lorsqu'on voudrait lever le chemin.

DU RAPPORT AVEC LA BOUSSOLE.

Pour rapporter le détail fait avec la boussole, il faut orienter le plan de manière que le côté de l'alidade de la boussole soit appliqué directement sur la méridienne, et faire varier le plan jusqu'à ce que l'aiguille du nord donne le même degré qu'en traçant cette méridienne. On aura soin de fixer le plan, afin que dans le cours de l'opération il ne varie pas. On placera alors le côté de l'alidade de la boussole au point R, de sorte que le rayon visuel, mené sur le terrain et marqué sur le brouillon, se trouve ici dans la même direction; ce que l'on aura en faisant tourner la boussole autour du point R, jusqu'à ce que l'aiguille du nord donne le degré trouvé sur le terrain; on tirera le long de la boussole, à partir du point R, une ligne R x, qui donne la direction du premier alignement R a. On prendra sur l'échelle du plan la distance que l'on a trouvée entre le point R et a, on la portera à partir du point R dans la direction R x, et le point où l'extrémité de cette ligne tombe sur celle R x sera le point a, où l'on placera la boussole pour avoir, par la même manœuvre, la direction $a\,b$ et le point b; ainsi de suite jusqu'au point E.

Si l'on a bien opéré sur le terrain et dans le

rapport, le dernier degré et la dernière cote doivent tomber sur le point E ; c'est ce qu'on appelle fermer et se vérifier par les points de la Trigonométrie.

Tout le reste du détail se lève de même en fermant partie par partie, pour se vérifier souvent, et ne pas ajouter erreurs sur erreurs.

FIN.

TABLE.

PREMIÈRE PARTIE.

Levée des plans.

DEUXIÈME PARTIE.

Traité du Nivellement.

TROISIÈME PARTIE.

Du Dessin et du Lavis des Plans.

QUATRIÈME PARTIE.

De la Trigonométrie rectiligne.

FIN DE LA TABLE.

IMPRIMÉ CHEZ PAUL RENOUARD,
RUE DE L'HIRONDELLE, N° 22.

Planche 12.

Fig. 74
Fig. 75
550,m
860,m
Fig. 76
Fig. 77.
40,m
70 m
Fig. 78.
55m
75m
86,m
Fig. 79
Fig. 80
8,m
6,m
10,m
Fig. 81
10 m
8 m
Fig 82
Méridienne
Perpendiculaire
860m
333,m

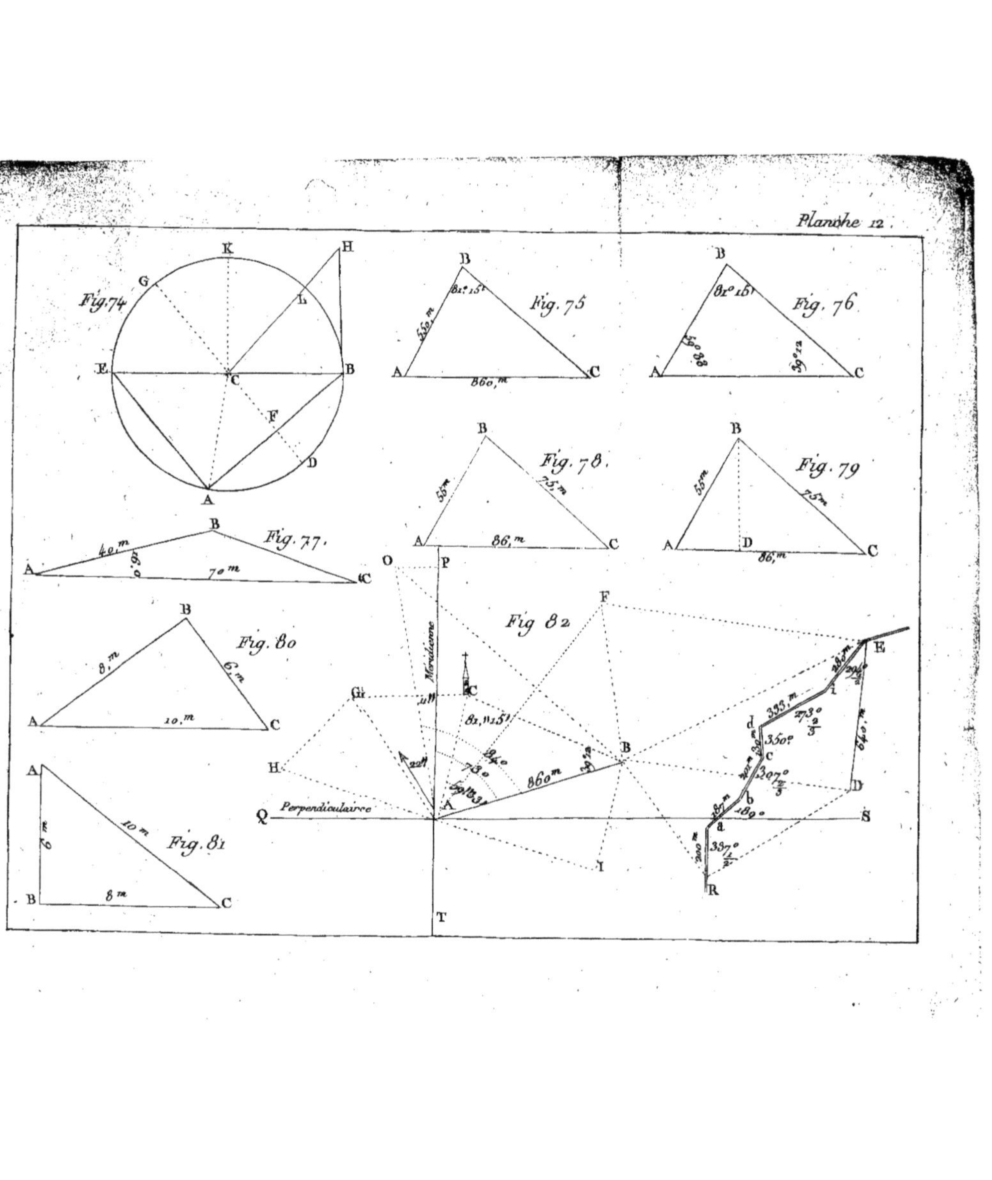

www.ingramcontent.com/pod-product-compliance
Ingram Content Group UK Ltd.
Pitfield, Milton Keynes, MK11 3LW, UK
UKHW020150220726
13923UKWH00001B/456